宁夏贺兰山东麓
木本植物引种图谱

梅曙光 ● 著

黄河出版传媒集团
阳光出版社

图书在版编目（CIP）数据

宁夏贺兰山东麓木本植物引种图谱 / 梅曙光著. ﹣﹣
银川：阳光出版社，2023.3
ISBN 978-7-5525-6765-6

Ⅰ. ①宁… Ⅱ. ①梅… Ⅲ. ①贺兰山－木本植物－引
种－图谱 Ⅳ. ①S717.243-64

中国版本图书馆CIP数据核字(2023)第044581号

宁夏贺兰山东麓木本植物引种图谱　梅曙光　著

责任编辑　马　晖
封面设计　赵　倩
责任印制　岳建宁

出 版 人　薛文斌
地　　址　宁夏银川市北京东路139号出版大厦（750001）
网　　址　http://www.ygchbs.com
网上书店　http://shop129132959.taobao.com
电子信箱　yangguangchubanshe@163.com
邮购电话　0951-5047283
经　　销　全国新华书店
印刷装订　宁夏银报智能印刷科技有限公司
印刷委托书号　（宁）0025750

开　　本　880 mm×1230 mm　1/16
印　　张　25
字　　数　300千字
版　　次　2023年3月第1版
印　　次　2023年3月第1次印刷
书　　号　ISBN 978-7-5525-6765-6
定　　价　268.00元

梅曙光：

男，汉族，浙江嘉兴市人，1938年生。中共党员，1959年毕业于北京林业学院（现更名为北京林业大学），森林经营专业，研究员。就业于宁夏农林科学院林业研究所，先后参加森林资源调查，次生林立地条件类型划分，次生林改造工作；森林引种、驯化、森林培育，黄土高原立地条件划分，黄土高原造林，城市园林绿化等研究工作。华北落叶松引种成功在宁夏六盘山区安家落户，成为六盘山林业的主要造林树种，从泾源县二龙河林区开始，直到隆德、彭阳、固原、西吉火石寨沙岗子、海源县的南华山，西华山的清凉寺，总面积已接近40万亩。

获国家科学技术进步奖二等奖一项，获得林业部一等奖、二等奖各一项，获得农业部一等奖一项，获中国林科院颁发三等奖一项，获国家科技成果完成者证书一项，获得宁夏回族自治区科技成果一等奖一项，二、三、四科学技术进步奖7项。

已发表论文50余篇。参加编写专著3本。2005年度被评为自治区优秀科技特派员。1983年，评为自治区民族团结先进个人，享受国务院政府特殊津贴，2020年获得中国植物园终身成就"德浚"奖。

序一

昔日，这里曾是沙坑遍地，满目疮痍，如今已名木荟萃，绿树成荫。坐落在贺兰山东麓银川西部旅游观光带上，宁夏志辉实业集团有限公司"源石葡萄基地"，历经20多年，先后三代人完成了从采石挖沙到生态修复再到生态建设的历史性巨变。在一个乱石遍地的荒滩，已完成18 000多亩的荒山整治，其中包括修复矿区6 000亩，建筑、道路、湿地1 000亩，现已建成防风防沙林带、生态林8 000亩，种植酿酒葡萄2 000亩，种植经济林1 000亩，林木覆盖率已达61.1%。内容涵盖防护林带，树木引种园，花灌木园，酿酒葡萄基地和高档葡萄酒庄，现已成为银川西部贺兰山东麓的一处生态屏障，科普教育、旅游观光、休闲娱乐功能齐全的生态庄园，为贺兰山东麓生态修复工程起步早，规划科学，布局合理，建设质量高和效果显著树立了一个榜样。纵观该企业经营转型成功的全过程，宁夏志辉实业集团有限公司总裁袁辉同志决策针对新时期企业发展方向的准确定位和建设过程，注重发挥科技人员作用的双向发力，不失为创造了一个"一加一大于二"的现实版，林业研究者梅曙光同志自1998年由宁夏农林科学院退休后就应邀投入了宁夏志辉实业集团公司，在乱石

滩上展开生态修复的基础建设，从大环境防护林规划设计起步，基地建设全过程既为公司领导当好技术参谋，又亲力亲为投入到生态建设的各环节。数十年来，公司本着充分挖掘当地乡土适生树种为主的原则，大胆尝试跨区域，跨气候带有选择地南树北移，先后引入乔灌木树木483种，其中，裸子植物9科2属66种，被子植物60科139属401种，单子叶植物2科9属16种，而书中有图文记载的有70科163属350种。经过5~10个年头的检验，现已稳定适应贺兰山东麓的自然条件，长势良好。在公司领导的大力支持下，梅曙光同志利用其从事林业科学研究一生的知识积累，从引种栽培管理全过程，对新引入的品种一一进行生态生理方面的详细观察记载，直到耄耋之年坚持完成了《宁夏贺兰山东麓木本植物引种图谱》，本书共收编了宁夏贺兰山东麓木本植物300多种，其中不乏为宁夏历史上在贺兰山东麓引种成功的首例。该书的相关内容对宁夏科研教学和相关方面极有参考价值。并由此作为公司的发源库存留和相关方面的借鉴。

宁夏林业厅原厅长

2023年3月20日

序二

　　森林生态系统是实现环境与发展相统一的关键和纽带，对维护生态平衡具有不可替代的作用。地处西北内陆，生态环境极为脆弱的宁夏，在进行生态治理，建设秀美山川的过程中，更需要把陆地生态系统的主体—森林生态系统放在重要的地位。

　　梅曙光同志1959年毕业于北京林学院（北京林业大学），从事林业科研工作已50余年，先后在宁夏六盘山、贺兰山、罗山天然林区，黄土高原水土流失区，中部干旱风沙区开展森林资源、林木树种的调查，优良树种的引种及天然次生林改造，黄土丘陵沟壑区小流域的综合治理等多项科研项目。他扎实的专业理论基础和多年积累的丰富实践经验，在不同生态类型区建立了多个林业试验示范基点，取得多项科研成果，应用于林业生产，对宁夏的林业建设做出了贡献。

　　梅曙光同志1998年退休后，被宁夏志辉实业集团有限公司聘请为林业顾问，在贺兰山东麓进行林业生态网络工程体系的建立，恢复与重建破坏了的生态环境，二十余年的辛勤工作，在1.8万亩重治的荒地上包括修复废弃矿区6 000亩，建设生态防护林8 000亩，其中建成科普植物园800

亩，育苗基地200亩，经济林1000亩，酿酒葡萄2000亩，林木覆盖率达61.1%。红柳山庄和志辉源石酒庄的建成，把生态环境的综合治理和现代休闲农业综合开发等产业融为一体，一个林业生态网络工程体系的建立，为同类地区树立了典范。

盛安修志，梅曙光同志一直期盼能把二十多年来洒在这块土地上的汗水有一个完美的总结。

"修志"是他多年的愿望，志辉公司的领导全力支持了他的意愿，在时间、物力、经费上给予了充分的保障，在精神上给予了真诚的鼓励。经过20多年的辛勤努力，《贺兰山东麓木本植物引种图谱》终于完成了，该专著共编入70科163属350种。其中，针叶树66种、阔叶树401种、单子叶植物16种。国家濒危保护树种20余种。从分布生境、形态特征、生态特性、育苗造林技术及用途做了详细的叙述，是一部内容丰富、图文并茂，为科研、教学、生产提供有价值的专著。

学习梅曙光同志的敬业精神，潜心"修志"的决心。祝贺《贺兰山东麓木本植物引种图谱》出版。

宁夏农林科学院原副院长 戴秀章

2023年3月20日

宁夏志辉实业集团有限公司原为以开采建材砂石为主要产业的工业民营企业。初期对贺兰山东麓荒漠、半荒漠草原植被破坏很严重。从1977年开始一些小范围的绿化工作，随着公司袁辉总裁对保护生态环境意识的提高，深化带动了整个企业员工对保护生态认识的提高，进入2000年企业对生态环境建设踏上了新的台阶，对原有产空区及新采空区进行了全面规划，实施了环境生态的植被修复工作，把每年产砂石赚得的资金全部投入到生态环境建设中。植树造林、种草种树，以"工业反辅农业"。在人力、财力的大力投入下，采空区发生了翻天覆地的变化，已成为贺兰山下一片环境优美的绿洲。

在近20年的植被修复生态建设中，通过防风防沙林营造，引种驯化，苗木基地建设，园林绿化环境建设等一系列林业生产实践过程，有数百种乔灌木树种在银川地区生长，对当地的适应性和一些具体的栽培技术有了进一步的了解和认识。其中大部分树种主要是从陕西省秦岭、子午岭、甘肃省小陇山林区、宁夏六盘山、贺兰山以及周边地区引进的。还有热带、亚热带、暖温带、中温带、寒温带地区的植物。跨越了几个植被气候带、植被带。其中包括一些国家1、2、3级珍稀濒危物种和国外引进的树种。

近年来随着我国城乡建设的发展，生态园林的模式越来越受到社会各界的广泛认可和急需。宁夏在建设大银川的今天，在园林绿化中应用的植物种类多种多样，琳琅满目，原本银川地区植物种类相对是较少地区，因此引种栽培的任务比较重，风险也比较大。

公司经过十多年的引种实践，把原来的荒漠草原的采空区已建设成一个多种生物物种共存、环境优美的银川市又一个群众的休闲地和大专

院校的科研教学基地及青少年科普教育基地。

挖掘本地区和引进外地植物种共计400余种。本书介绍有70科163属350种包括（变种、品种、变型）乔灌木及观赏竹类植物。其中，裸子植物9科21属53种，被子植物59科133属282种，单子叶植物2科9属15种，而本书记载有图文的为70科163属350种。在介绍植物名称、科属、形态特征，辅以叶、花、果、枝等微小特征，明显、简易区别其他物种的特点。带动大家识别种类。我们对所有引进的植物种较系统地记载植物名称、学名，引入原产地、越冬情况。凡裸地不能越冬的热带、亚热带引入的物种，均在宁夏志辉实业集团有限公司树木引种目录最后一栏内注明温室栽培。目的是有助于从事园林绿化工作的同仁，在当地选择绿化树种时，可作参考，少走弯路，减少损失。

近20年来生态建设的绿化工作中，许多同志辛勤地劳动和工作，因此，此书的出版是大家多年来集体工作的成果。首先得到袁辉总裁的直接参与和领导以及资金上的支持。参加的同志有张源润、谢金山、袁园、冯潜、唐世、王海云、张海娥、刘康、孙婷娜、董显华、朱玉安、闫美荣、乔静、吴丽、毛雪、夏季、陈芳、陈燕、苏金萍、逯晓春、齐霞、马强、鲁生秋等。

本书在编写过程中，对于有些物种来源不清，有关资料也比较缺乏，由于编写者水平有限，处理不当或错误在所难免，敬请广大读者海涵，并真诚地欢迎读者提出宝贵意见以便我们改进。

编　者

2021年5月15日

目 录

CONTENTS

贺兰山东麓木本植物基本情况 / 001

裸子植物 Gymnospermae / 027

苏铁科 Cycadaceae Persoon / 029
苏铁属 *Cycas* L. / 029
银杏科 Ginkgoaceae / 030
银杏属 *Ginkgo* L. / 030
松科 Pinaceae / 031
冷杉属 *Abies* Mill. / 031
黄杉属 *Pseudotsuga* Carr. / 032
铁杉属 *Tsuga* Carr. / 034
云杉属 *Picea* Dietr. / 035
落叶松属 *Larix* Mill. / 046
雪松属 *Cedrus* Trew / 047
松属 *Pinus* Linn. / 048
杉科 Taxodiaceae / 060
杉木属 *Cunninghamia* R. Br / 060
水杉属 *Metasequoia* Miki ex Hu et Cheng / 061
柏科 Cupressaceae
侧柏属 *Platycladus* Spach（Biota D. Don ex Endl.） / 062
扁柏属 *Chamaecyparis* Spach / 065
圆柏属 *Sabina* Mill. / 066
翠柏属 *Calocedrus* Kurz / 071

刺柏属 *Juniperus* Linn. / 072
柏木属 *Cupressus* Linn. / 074
罗汉松科 Podocarpaceae / 075
罗汉松属 *Podocarpus* L. Her. ex Persoon / 075
三尖杉科 Cephalotaxaceae / 077
三尖杉属 *Cephalotaxus* Sieb.et Zucc.ex Endl. / 077
红豆杉科 Taxaceae / 078
红豆杉属 *Taxeae* Linn. / 078
麻黄科 Ephedraceae / 081
麻黄属 *Ephedra* Tourn ex Linn / 081

被子植物 Angiospermae / 083

双子叶植物
杨柳科 Salicaceae / 085
杨属 *Populus* Linn. / 085
柳属 *Salix* Linn. / 092
杨梅科 Myricaceae / 098
杨梅属 *Myrica* Linn. / 098
胡桃科 Juglandaceae / 099
胡桃属 *Juglans* L. / 099
山核桃属 *Carya* Nutt. / 101
枫杨属 *Pterocarya* Kunth. / 102
桦木科 Betulaceae / 103
桦木属 *Betula* Linn. / 103

鹅耳枥属 *Carpinus* L. / 105

虎榛子属 *Ostryopsis* Decne / 106

榛属 *Corylus* L. / 107

壳斗科 Fagaceae / 108

栎属 *Quercus* L. / 108

榆科 Ulmaceae / 112

榆属 *Ulmus* L. / 112

榉属 *Zelkova* Spach, nom. gen. con. / 119

朴属 *Celtis* L. / 120

桑科 Moraceae / 121

桑属 *Morus* Linn. / 121

构属 *Broussonetia* L' Hert. ex Vent. / 125

槲寄生属 *Viscum* L. / 126

榕属 *Ficus* Linn. / 127

毛茛科 Ranunculaceae / 128

芍药属 *Paeonia* L. / 128

铁线莲属 *Clematis* L. / 12

小檗科 Berberidaceae / 130

小檗属 *Berberis* Linn. / 130

十大功劳属 *Mahonia* Nuttall / 132

南天竹属 *Nandina* Thunb. / 133

木兰科 Magnoliaceae / 134

木兰属 *Magnolia* L. / 134

鹅掌楸属 *Liriodendron* Linn / 137

含笑属 *Michelia* Linn. / 138

樟科 Lauraceae / 139

樟属 *Cinnamomum* Trew / 139

山胡椒属 *Lindera* Thunb. / 141

蜡梅科 Calycanthaceae / 142

蜡梅属 *Chimonanthus* Lindl. nom. cons. / 142

虎耳草科 Saxifragaceae / 143

山梅花属 *Philadelphus* Linn. / 143

茶藨子属 *Ribes* Linn. / 145

海桐科 Pittosporaceae / 147

海桐花属 *Pittosporum* Banks / 147

杜仲科 Eucommiaceae / 148

杜仲属 *Eucommia* Oliver / 148

悬铃木科 Platanaceae / 149

悬铃木属 *Platanus* Linn. / 149

金缕梅科 Hamamelidaceae / 152

檵木属 *Loropetalum* R. Brown / 152

蔷薇科 Rosaceae / 153

委陵菜属 *Potentilla* L. / 153

蔷薇属 *Rosa* L. / 154

绣线菊属 *Spiraea* L. / 163

风箱果属 *Physocarpus*（Cambess.）Maxim. / 166

珍珠梅属 *Sorbaria*（Ser.）A.Br.ex Aschers. / 167

枸子属 *Cotoneaster* B.Ehrhart / 168

火棘属 *Pyracantha* / 171

山楂属 *Crataegus* L. / 172

梨属 *Pyrus* L. / 175

枇杷属 *Eriobotrya* Lindl. / 177

花楸属 *Sorbus* L. / 178

石楠属 *Photinia* Lindl. / 179

木瓜属 *Chaenomeles* Lindl. / 180

苹果属 *Malus* Mill. / 181

棣棠属 *Kerria* DC / 193

鸡麻属 *Rhodotypos* Sieb. et Zucc. / 194

李属（梅属）*Prunus* L. / 195

豆科 Leguminosae / 214

合欢属 *Albizia* Durazz. / 214

皂角属 *Gleditsia* Linn. / 215

紫穗槐属 *Amorpha* L. / 217

紫藤属 *Wisteria* Nutt / 218

紫荆属 *Cercis* Linn. / 219

刺槐属 *Robinia* Linn. / 220

槐属 *Sophora* Linn. / 222

锦鸡儿属 *Caragana* Fabr / 227

胡枝子属 *Lespedeza* Michx. / 230

沙冬青属 *Ammopiptanthus* Cheng f. / 231

岩黄芪属 *Hedysarum* L / 232

凤凰木属 *Delonix* Raf. / 233

芸香科 Rutaceae / 234

柑橘属 *Citrus* L. / 234

黄檗属 *Phellodendron* Rupr. / 236

苦木科 Simaroubaceae / 237

臭椿属 *Ailanthus* Desf. / 237

楝科 Meliaceae / 238

楝属 *Melia* Linn. / 238

香椿属 *Toona* Roem. / 239

大戟科 Euphorbiaceae

乌桕属 *Sapium* P. Br. / 240

黄杨科 Buxaceae / 241

黄杨属 *Buxus* L. / 241

漆树科 Anacardiaceae

黄栌属 *Cotinus*（Tourn.）Mill. / 243

漆树属 *Rhus* L. / 245

盐肤木属 *Rhus* L. / 246

冬青科 Aquifoliaceae / 247

冬青属 *Ilex* L. / 247

卫矛科 Celastraceae / 249

卫矛属 *Euonymus* L. / 249

南蛇藤属 *Celastrus* L. / 257

槭树科 Aceraceae / 258

槭树属 *Acer* Linn. / 258

七叶树科 Hippocastanaceae / 272

七叶树属 *Aesculus* Linn. / 272

无患子科 Sapindaceae / 273

栾树属 *Koelreuteria* Laxm. / 273

文冠果属 *Xanthoceras* Bunge / 275

鼠李科 Rhamnaceae / 276

枣属 *Ziziphus* Mill. / 276

鼠李属 *Rhamnus* L. / 279

葡萄科 Vitaceae / 280

葡萄属 *Vitis* L. / 280

爬山虎属 *Parthenocissus* Planch. / 281

杜英科 Elaeocarpaceae / 282

杜英属 *Elaeocarpus* Linn. / 282

椴树科 Tiliaceae / 283

椴树属 *Tilia* Linn. / 283

锦葵科 Malvaceae / 285

木槿属 *Hibiscus* Zhu / 285

木棉科 Bombacaceae / 287

木棉属 *Bombax* Linn. / 287

梧桐科 Sterculiaceaee / 288

梧桐属 *Firmiana* Marsili / 288

蒺藜科 Zygophyiiaceae / 290

四合木属 *Tetraena* Maxim / 290

山茶科 Theaceae / 291

山茶属 *Camellia* L. / 291

柽柳科 Tamaricaceae / 295

柽柳属 *Tamarix* Linn. / 295

瑞香科 Thymelaeacea / 296

结香属 *Edgewortyia* Meisn. / 296

胡颓子科 Elaeagnaceae / 297

胡颓子属 *Elaeagnus* Linn. / 297

沙棘属 *Hippophae* Linn. / 299

千屈菜科 Lythraceae / 300

紫薇属 *Lagerstroemia* Linn. / 300

石榴科 Punicaceae / 303
石榴属 *Punica* Linn. / 303
桃金娘科 Myrtaceae / 305
红千层属 *Callistemon* R. Br. / 305
五加科 Araliaceae / 306
八角金盘属 *Fatsia* Decne. Planch. / 306
五加属 Acanthopanax Miq. / 307
楤木属 *Aralia* L. / 308
山茱萸科 Cornaceae / 309
梾木属 *Swida* Opiz / 309
山茱萸属 *Macrocarpium* (Spach) Nakai / 312
四照花属 *Dendrobenthamia* Hutch / 313
桃叶珊瑚属 *Aucuba* Thunh. / 314
杜鹃花科 Ericaceae / 315
杜鹃属 *Cuculus* L. / 315
柿科 Ebenaceae / 317
柿属 *Diospyros* Linn. / 317
木犀科 Oleaceae / 319
雪柳属 *Fontanesia* Labill. / 319
白蜡树属（梣属）*Fraxinus* Linn. / 320
连翘属 *Forsythia* Vahl / 326
丁香属 *Syringa* Linn. / 327
流苏树属 *Chionanthus* L. / 332
女贞属 *Ligustrum* Linn. / 333
木犀属 *Osmanthus* Lour. / 334
茉莉属（素馨属）*Jasminum* / 337
马钱科 Loganiaceae / 338
醉鱼草属 *Buddleja* Linn. / 338
夹竹桃科 Apocynaceae / 339
夹竹桃属 *Nerium* Linn / 339
罗布麻属 *Apocynum* L. / 341
萝藦科 Asclepiadaceae / 342
杠柳属 *Periploca* L. / 342

马鞭草科 Verbenaceae / 343
莸属 *Caryopteris* Bunge / 343
茄科 Solanaceae / 345
枸杞属 *Lycium* L. / 345
玄参科 Scrophulariaceae / 346
泡桐属 *Paulownia* Sieb. et Zucc. / 346
紫葳科 Bignoniaceae / 347
梓属 *Catalpa* Scop. / 347
凌霄属 *Campsis* Lour. / 349
忍冬科 Caprifoliaceae / 350
忍冬属 *Lonicera* L. / 350
六道木属 *Abelia* R.Br / 356
锦带花属 *Weigela* Thunb / 357
猬实属 *Kolkwitzia* Graebn / 359
接骨木属 *Sambucus* Linn. / 360
荚蒾属 *Viburnum* Linn. / 361
紫茉莉科 Nyctaginaceae / 366
叶子花属 *Bougainvillea* Comm. ex Juss / 366

单子叶植物
禾本科 Gramineae / 367
刚竹属 *Phyllostachys* Sieb. et Zucc. / 367
毛竹属 *Phyllostachys* Sieb.et.Zucc. / 374
慈竹属 *Neosinocalamus* Keng f / 375
箬竹属 *Indocalamus* Nakai / 376
华桔竹属 *Fargesia* Franch / 377
倭竹属 *Shibataeae* Makino ex Nakai / 378
棕榈科 Palmae / 379
棕榈属 *Trachycarpus* H. Wendl. / 379
散尾葵属 *Chrysalidocarpus* Wendl / 380
刺葵属 *Phoenix* Linn / 381

参考文献 / 382

贺兰山东麓木本植物基本情况

表1　贺兰山东麓木本植物名录

裸子植物						
序号	中文名	学　名	来　源	引入时间	生长环境	越冬情况
1	苏铁科	*Cycadaceae*				
	苏铁属	*Cycas* L.				
	苏铁	*Cycas revoluta* Thunb.	广东广州	2005 年 2 月	温室栽培	
2	银杏科	Ginkgoaceae				
	银杏属	*Ginkgo* Linn.				
	银杏	*Ginkgo biloba* Linn.	山东郯城	2001 年 4 月	露地	正常越冬
3	松科	Pinaceae				
	冷杉属	*Abies* Mill.				
	秦岭冷杉	*Abies chensiensis* Tiegh	甘肃平凉	2004 年 4 月	露地	正常越冬
	太白冷杉	*Abies fargesii* France.	甘肃天水	2005 年 12 月	露地	加保护措施
	黄杉属	*Pseudotsuga* Carr.				
	澜沧黄杉	*Pseudotsuga forrestii* Craib	甘肃天水	2001 年 4 月	露地	正常越冬
	北美黄杉（花旗松）	*Pseudotsuga menziesii*（Mirb.）Franco	甘肃天水	2005 年 12 月	露地	正常越冬
	铁杉属	*Tsuga* Carr.				
	铁杉	*Tsuga chinensis* Pritz.				
	云杉属	*Picea* Dietr.				
	青海云杉	*Picea crassifolia* Kom.	宁夏六盘山	2001 年 4 月	露地	正常越冬
	鳞皮云杉	*Picea retroflexa* Mast.	甘肃天水	2014 年 5 月	露地	正常越冬
	川西云杉（西康云杉）	*Picea balfouriana* Rehd et Wils.		2014 年 5 月	露地	正常越冬
	喜马拉雅云杉	*Picea spinulosa*（Griff）Henry.	甘肃天水	2014 年 5 月	露地	正常越冬
	沙地云杉	*Picea mongolica*（Lindl）.Carr.	内蒙古呼和浩特	2014 年 5 月	露地	正常越冬
	鱼鳞云杉	*Picea jezoensis* var microsperma	甘肃天水	2014 年 5 月	露地	正常越冬
	红皮云杉	*Picea koraiensis* Nakai	宁夏西吉	2005 年 4 月	露地	正常越冬
	兰杉	*Picea pungens*				
	青杆	*Picea wilsonii* Mast.	陕西黄龙	2005 年 11 月	露地	正常越冬

续表1

序号	中文名	学名	来源	引入时间	生长环境	越冬情况
	白杆	*Picea meyeri* Rehd et Wils	陕西黄龙	2005 年 11 月	露地	正常越冬
	麦吊云杉（垂枝）	*Picea brachytyia*（Franch.）Pritz.	宁夏六盘山	2004 年 4 月	露地	正常越冬
	紫果云杉	*Picea purpurea* Mast.	宁夏六盘山	2005 年 4 月	露地	
	欧洲云杉	*Picea abies*（L.）Karst.	甘肃天水	2005 年 5 月	露地	正常越冬
	落叶松属	*Larix* Mill.				
	华北落叶松	*Larix principis-rupprechtii* Mayr	宁夏西吉	2005 年 4 月	露地	正常越冬
	日本落叶松	*Larix kaempferi*（Lamb.）Carr.	甘肃天水	2006 年 4 月	露地	正常越冬
	兴安落叶松	*Larix gmelini*（Rupr.）Rupr.	宁夏西吉	2005 年 4 月	露地	正常越冬
	雪松属	*Cedrus* Trew				
	雪松（喜马拉雅松）	*Cedrus deodara*（Roxb.）G.Don.	甘肃平凉	2005 年 4 月	温室栽培	
	松属	*Pinus* Linn.				
	北美黄松	*Pinus ponderosa* Dougl. et Laws	宁夏西吉	2005 年 4 月	露地	正常越冬
	日本五针松	*Pinus parviflora* Sieb. et Zucc.	河南	2005 年 4 月	露地	正常越冬
	乔松	*Pinus griffithii* Mc Clelland			温室栽培	
	油松	*Pinus tabulaeformis* Carr.	宁夏六盘山	2001 年 4 月	露地	正常越冬
	白皮松	*Pinus bungeana* Zucc.ex Endl	陕西蓝田	2005 年 4 月	露地	正常越冬
	华山松	*Pinus armandi* Franch.	宁夏六盘山	2004 年 4 月	露地	正常越冬
	红松	*Pinus koraiensis* Sieb.et Zucc.	宁夏西吉	2004 年 4 月	露地	正常越冬
	赤松	*Pinus densiflora* Sieb.et Zucc	宁夏西吉	2004 年 4 月	露地	正常越冬
	班克松	*Pinus banksiana* Lanb.	宁夏西吉	2004 年 4 月	露地	正常越冬
	樟子松	*Pinus sylvestris* L. var. mongolica Litv.	陕西榆林	2003 年 4 月	露地	正常越冬
	欧洲赤松	*Pinus sylvestris*	宁夏西吉	2004 年 4 月	露地	正常越冬
	黑松（白芽松）	*Pinus thunbergii* Parl.	宁夏西吉	2004 年 4 月	露地	正常越冬
4	杉科	Taxodiaceae				
	杉木属	*Cunninghamia* R.Br.				
	杉木	*Cunninghamia lanceoiata*（Lamb.）Hook.		2017 年 5 月	温室栽培	
	水杉属	*Metasequoia* Miki ex Hu et Cheng				
	水杉	*Metasequoia glyptostroboldes* Hu et Cheng	陕西略阳	2003 年 4 月	露地	正常越冬
5	柏科	Cupressaceae				
	侧柏属	*Platycladus* Spach（Biota D. Don ex Endl）				

序号	中文名	学 名	来 源	引入时间	生长环境	越冬情况
	侧柏	*Platycladus orientalis* (L.) Franco	甘肃平凉	2001年4月	露地	正常越冬
	千头柏（凤尾柏）	*Platycladus orientalis* (L.) Franco. 'Sieboldii'	甘肃平凉	2001年4月	露地	正常越冬
	撒金柏	*Platycladus orientalis* (L.) Franco. 'Aurea Nana'	宁夏银川	2003年4月	露地	正常越冬
	扁柏属	*Chamaecyparis* Spach				
	日本扁柏	*Chamaecyparis obtusa* (Sieb. et Zucc.)				
	圆柏属	*Sabina* Spach				
	桧柏（圆柏）	*Sabina chinensis* (linn) Ant.				
	龙柏（刺柏）	*Sabina chinensis* Kaizuca Cheng W.T.Wang	甘肃平凉	2005年4月	露地	正常越冬
	爬地柏	*Sabina procumbens* (Endl.) Iwata et Kusaka				
	祁连圆柏（柴达木圆柏）	*Sabina przewalskii* kom.	宁夏西吉	2005年5月	露地	正常越冬
	香柏（美国侧柏，美国金钟柏）	*Thujs occidentalis* L				
	叉子圆柏	*Sabina vulgaris* Ant	宁夏银川	2005年4月	露地	正常越冬
	圆柏	*Sabina chinensis* (L.) Ant.	陕西	2005年4月	露地	正常越冬
	碧兰柏	*Sabina*	宁夏西吉	2005年1月	露地	正常越冬
	高杆爬地柏		河南民权	2005年4月	露地	正常越冬
	塔柏	*Juniperus chinensis* 'Pyramidalis'		2005年5月	露地	
	翠柏属	*Calocedrus* Kurz				
	翠柏	*Calocdrus macrolepis* Kurz				
	刺柏属	*Juniperus* Linn.				
	刺柏	*Juniperus Formosans* Hayata	河南	2005年4月	露地	正常越冬
	杜松	*Juniperus regida* Sieb.et Zucc.	甘肃	2005年4月	露地	正常越冬
	柏木属	*Cupressus* Linn.				
	岷江柏木	*Cupressus chengianas* Y.Hu				
6	罗汉松科	Podocarpaceae				
	罗汉松属	*Podocarpus* L' Her. ex Persoon				
	罗汉松	*Podocarpus macrophyllus* (Thunb.) D.Don	河南	2005年4月	温室栽培	
	竹柏	*Podocarpus nagi* (Thunb.) Zoll. et Mor. ex Zoll.	江苏常州	2016年5月	温室栽培	

续表3

序号	中文名	学名	来源	引入时间	生长环境	越冬情况
	金黄球柏	*Platycladus orientalis* 'Semperaurescens' Dallimore and jackson	河南	2005年4月		
7	三尖杉科	Cephalotaxaceae				
	三尖杉属	*Cephalotaxus* Sieb. et Zucc. ex Endl.				
	粗榧	*Cephalotaxus sinensis* (Rehd. et Wils.) Li				
	中国粗榧	*Cephalotaxus sinensis* (Rehd et Wils.) L.	河南	2005年1月	露地	正常越冬
8	红豆杉科	Taxaceae				
	红豆杉属	*Taxeae* Linn.				
	红豆杉	*Taxus chinensis* (pilger) Rehd.	甘肃天水	2005年1月	露地、温室	露地越冬不好
	东北红豆杉(紫衫)	*Taxus cuspidata* S. et Z.	辽宁	2008年4月	露地	正常越冬
	曼地亚红豆杉	*Taxus madia* Rehder.	陕西	2010年5月	露地	
	南方红豆杉	*Taxus chinensis* var. *mairei* (Lemee et Levl.) Cheng et L. K. Fu		2015年4月	温室栽培	
9	麻黄科	Ephedraceae				
	麻黄属	*Ephedra* Tourn ex Linn				
	斑子麻黄	*Ephedra Lepidosperma* C.Y.Cheng				
	被子植物 双子叶植物					
10	杨柳科	Salicaceae				
	杨属	*Populus* Linn				
	毛白杨	*Populus tomentosa* Carr.	宁夏银川	2001年4月	露地	正常越冬
	小叶杨	*Populus simonii* Carr.	宁夏银川	2002年5月	露地	正常越冬
	小青杨	*Populus pseudo-simonii* Kitag	宁夏银川	2002年5月	露地	正常越冬
	河北杨	*Populus hopeiensis* Hu et Chow	宁夏西吉	2002年5月	露地	正常越冬
	胡杨	*Populus euphratica* Oliv.	内蒙古额济纳旗	2005年5月	露地	正常越冬
	新疆杨	*Populus bolleana* Lauche	宁夏银川	2001年4月	露地	正常越冬
	红叶杨	*Populus deltoids* 'Zhonghua Hongye'	宁夏银川	2017年7月	露地	正常越冬
	山杨	*Populus davidiana* Dode	宁夏银川	2002年5月	露地	正常越冬
	箭杆杨	*Populus nigra* var. *thevestina* (Dode) Bean	宁夏银川	2005年5月	露地	正常越冬

序号	中文名	学　名	来　源	引入时间	生长环境	越冬情况
	柳属	*Salix* Linn.				
	旱柳	*Salix matsudana* Koidz.	宁夏银川	2001 年 5 月	露地	正常越冬
	龙爪柳	*Salix matsudanna* var. *tortuosa* (Vilm.) Rehd.	甘肃平凉	2005 年 4 月	露地	正常越冬
	垂柳	*Salix babylonica* L.	宁夏银川	2004 年 4 月	露地	正常越冬
	乌柳	*Salix cheilophila* Schneid.	宁夏西吉	2003 年 5 月	露地	正常越冬
	北沙柳	*Salix psammophila* C.Wang et Ch.Y.Yang	宁夏银川	2003 年 4 月	露地	正常越冬
	黄花儿柳	*Salix caprea* L.	甘肃天水	2006 年 4 月	露地	正常越冬
	银毛垂柳		河南民权	2005 年 4 月	露地	正常越冬
	杞柳	*Salix purpurea* Linn.	宁夏西吉	2002 年 4 月	露地	正常越冬
	漳河柳	*Salix*	山西	2002 年 4 月	露地	正常越冬
	新疆白柳	*Salix alba* L.	新疆乌鲁木齐	2007 年 4 月	露地	正常越冬
	馒头柳	*Salix matsudana* 'Umbraculifera.'	新疆乌鲁木齐	2007 年 4 月	露地	正常越冬
11	杨梅科	Myricaceae				
	杨梅属	*Myrica* Linn.				
	杨梅	*Myrica rubra* (Lour.) S. et Zucc.				
12	胡桃科	Juglandaceae				
	胡桃属	*Juglans*				
	美国黑核桃	*Juglans nigra* L.	宁夏	2004 年 4 月	露地	正常越冬
	胡桃（核桃）	*Juglans regia* L.				
	核桃	*Juglans regia* Linn.	甘肃平凉	2003 年 5 月	露地	正常越冬
	野核桃	*Juglans cathayensis* Dode	甘肃天水	2006 年 4 月	露地	正常越冬
	山核桃属	*Carya* Nutt.				
	核桃楸	*Juglans mandshurica* Maxim	宁夏泾源	2005 年 5 月	露地	正常越冬
	枫杨属	*Pterocarya* Kunth.				
	枫杨	*Pterocarya stenoptera* C.DC.	山东济南	2004 年 5 月	露地	正常越冬
13	桦木科	Betulaceae				
	桦木属	*Betula* Linn.				
	白桦	*Betula platyphylla* Suk.	宁夏六盘山	2004 年 4 月	露地	正常越冬
	糙皮桦	*Betula utilis* D.Don.		2014 年 5 月	露地	正常越冬
	红桦	*Betula alba—sinensis* Burk.	宁夏六盘山	2004 年 4 月	露地	正常越冬

续表5

序号	中文名	学　名	来　源	引入时间	生长环境	越冬情况
	疣皮桦	*Betula pendula* Roth.	新疆乌鲁木齐	2007 年 4 月	露地	正常越冬
	鹅耳枥属	*Carpinus* L.				
	鹅耳枥	*Carpinus turczaninowii* Hance				
	虎榛子属	*Ostryopsis* Decne				
	虎榛子	*Ostryopsis davidiana*（Baill）Decaisne.				
	榛属	*Corylus* Linn.				
	榛子	*Corylus heterophylla* Fisch.			露地	正常越冬
	毛榛	*Corylus mandshueica* Maxim.				
14	壳斗科	Fagaceae				
	栎属	*Quercus* L.				
	夏橡	*Quercus robur* Linn.	新疆乌鲁木齐	2006 年 4 月	露地	正常越冬
	栓皮栎	*Quercus variabilis* BL.	甘肃天水	2006 年 4 月	露地	正常越冬
	辽东栎	*Quercus liaotungensis* Koidz.	宁夏六盘山	2005 年 4 月	露地	正常越冬
	刺叶栎（铁橡树）	*Quercus spinosa* David. ex Fr.	甘肃天水	2005 年 1 月	温室栽培	
	麻栎	*Quercus acutissima* Carr.	陕西	2005 年 4 月	露地	正常越冬
	锐齿栎	*Quercus aliena* Bl. var. acuteserrata Maxim.	甘肃天水	2005 年 1 月	露地	正常越冬
15	榆科	Ulmaceae				
	榆属	*Ulmus* L.				
	榆树（白榆、家榆）	*Ulmus pumila* Linn.	宁夏银川	2001 年 4 月	露地	正常越冬
	春榆	*Ulmus davidiana* Planch.var *japonica* Wakai.	宁夏六盘山	2005 年 5 月	露地	正常越冬
	灰榆	*Ulmus glaucescens* Franch.	宁夏贺兰山	2005 年 4 月	露地	正常越冬
	裂叶榆	*Ulmus laciniata*（Trautv.）Mayt.	河南民权	2005 年 4 月	露地	正常越冬
	大叶榆（新疆大叶榆、欧洲白榆）	*Umus laevis* Pall. Fl. ROSS	河南民权	2005 年 4 月	露地	正常越冬
	垂榆	*Ulmus pamila* Linn.var *pendula* Reid.	河南民权	2005 年 4 月	露地	正常越冬
	金叶榆	*Ulmus pamila* L. 'Jijye'.	河南民权	2010 年 5 月	露地	正常越冬
	霸王榆	*Ulmus amarican* L.	河南民权	2005 年 4 月	露地	
	大果榆	*Ulmus macrocarpa* Hance.	河南民权	2005 年 4 月	露地	
	黄榆	*Ulmus macrocarpa* Hance	新疆乌鲁木齐	2007 年 4 月	露地	

序号	中文名	学　名	来　源	引入时间	生长环境	越冬情况
	榉属	*Zelkova* Spach, nom. gen. con.				正常越冬
	榉树	*Zelkova schneideriana* Hand.-Mazza.				正常越冬
	朴属	*Celtis* L.				正常越冬
	小叶朴（黑弹树）	*Celtis bungeana* Bl.				
16	桑科	Moraceae				
	桑属	*Morus* Linn.				
	鸡桑	*Mrous australis* Poir				
	桑	*Mrous alba* Linn.	河南	2005年4月	露地	正常越冬
	龙桑	*Morus albal* Linn. 'Tortuosa'	河南	2005年4月	露地	正常越冬
	垂桑（盘桑）	*Morus alba* Linn. 'Pendula'				
	构属	*Broussonetia* L' Hert. ex Vent.				
	构树	*Broussonetia papyrifera* (Linn.) L'Her.ex Vent.	河南	2005年4月	露地	正常越冬
	槲寄生属	*Viscum* L.				
	槲寄生	*Viscum coloratum* (Kom.) Nakai.Rop.				
	榕属	*Ficus* Linn.				
	琴叶榕（琴叶橡皮树）	*Ficus pandurata* Hance				
17	毛茛科	Ranunculaceae				
	芍药属	*Paeonia* L.				
	牡丹	*Paeonia suffruticosa* Andr.				
	铁线莲属	*Clematis* L.				
	灰叶铁线莲	*Clematis canescens* (Turcz.) W.t.weng et M.C				
18	小檗科	Berberidaceae				
	小檗属	*Berberis* Linn.				
	紫叶小檗	*Berberis thunbergii* Dc.f.atropurpurea Nana.	陕西	2005年4月	露地	正常越冬
	延安小檗	*Berberis purdomii* Schneid.	陕西	2005年5月	露地	正常越冬
	陕西小檗	*Berberis shensiana* Ahrendt	宁夏六盘山	2004年4月	露地	正常越冬
	十大功劳属	*Mahonia* Nuttall				
	阔叶十大功劳	*Mahonia bealei* (Fort.)Carr.	甘肃天水	2002年5月	温室	
	南天竹属	*Nandina* Thunb.				
	南天竹	*Nandina domestica*	河南	2005年5月	温室	

续表7

序号	中文名	学　名	来　源	引入时间	生长环境	越冬情况
19	木兰科	Magnoliaceae				
	木兰属	*Magnolia* L.				
	广玉兰	*Magnolia grandiflora* Linn.	陕西周至	2004 年 4 月	温室	
	紫玉兰	*Magnolia liliflora* Desr	陕西周至	2004 年 4 月	露地	加保护措施
	白玉兰	*Magnolia denudata* Dest.	陕西周至	2004 年 4 月	露地	加保护措施
	凹叶厚朴	*Magnollia officinals* spp. Biloba（Rehd.et Wils）（Cheng）Law	陕西周至	2004 年 4 月	温室	
	二乔玉兰（朱砂玉兰）	*Magnolia x soulangeana*（Lindl.）Soul.-Bod.	陕西周至	2004 年 4 月	露地	
	鹅掌楸属	*Liriodendron* Linn.				
	鹅掌楸（马褂木）	*Liriodendron chinensis*（Hemsl.）Sarg	河南	2005 年 5 月	温室	室外受冻害
	含笑（白玉兰属）	*Michelia* Linn.				
	含笑	*Michelia figo*（Lour.）Spreng.（M. fuscata blume）	河南	2005 年 4 月	温室	
20	樟科	Lauraceae				
	樟属	*Cinnamomum* Trew				
	樟树	*Cinnamomum camphora*（Linn.）Presl		2014 年 4 月	温室栽培	
	阴香（土肉桂、胶桂、山桂、月桂）	*Cinnamomum burmanni*（Nees et T.nees）Blume				
	山胡椒属	*Lindera* Thunb.				
	香叶树	*Lindera communis* Hemsl.		2014 年 4 月	温室栽培	
	钓樟	*Lindera umbellate* Thunb.	宁夏六盘山	2004 年 4 月	露地	正常越冬
21	腊梅科	Calycanthaceae				
	腊梅属	*Chimonanthus*				
	腊梅（黄梅花）	*Chimonanthus praecox*（Linn.）Link				
22	虎耳草科	Saxifragaceae				
	山梅花属	*Philadelphus* Linn.				
	建德山梅花	*Philadelphus sericanthus* Koehne	兰州西固	2005 年 4 月	露地	正常越冬
	太平花	*Philadelphus pekinensis* Rupr.	兰州西固	2005 年 4 月	露地	正常越冬
	山梅花	*Philadelphus incanus* Koehne.	宁夏六盘山	2002 年 4 月	露地	正常越冬
	茶藨子属	*Ribes* Linn.				
	大刺茶藨子	*Ribes alpestre* var. *gigantem* Janczewski	兰州西固	2005 年 4 月	露地	正常越冬

序号	中文名	学　名	来　源	引入时间	生长环境	越冬情况
	尖叶茶藨子	*Ribes maximowiczianum* Kom.				
	狭果藨茶子	*Rives stenocarpum* Maxim.	宁夏六盘山	2005年4月	露地	正常越冬
	无刺高山藨茶子	*Rives alpestre* Wall.ex Decne.var. *giganteum* Jancz.	兰州西固	2005年4月	露地	正常越冬
	香藨茶子	*Rives aboratum* Wendl.	乌鲁木齐	2007年4月	露地	正常越冬
	八仙花属	*Hydrangea* L.				
	八仙花	*Hydrangea macrophylla* （Thunb）Seringe.	兰州西固	2005年4月	露地	正常越冬
	东陵八仙花	*Hydrangea bretschneideri* Dippel.	兰州西固	2005年4月	露地	正常越冬
	七叶树属	*Aesculus*				
	七叶树	*Aesculus cjomemsos* Bunge.	陕西	2005年4月	露地	正常越冬
23	海桐科	Pittosporaceae				
	海桐花属	*Pittosporum* Banks				
	海桐	*Pittosporum tobira* （Thunb.）Ait.	甘肃平凉	2005年4月	温室	
24	杜仲科	Eucommiaceae				
	杜仲属	*Eucommia* Oliver				
	杜仲（胶本）	*Eucommia ulmoides* Oliver	陕西略阳	2002年4月	露地	正常越冬
25	悬铃木科	Platanaceae				
	悬铃木属	*Platanus* Linn.				
	法桐（三球悬铃木、法国梧桐）	*Platanus orientalis* L.	山东济宁	2005年4月	露地	正常越冬
	美桐（一球悬铃木、美国梧桐）	*Platanus occidentalis* L.	山东济宁	2002年4月	露地	正常越冬
	英桐（悬铃木、二球悬铃木、英国梧桐）	*Platanus acerifolia* Willd.	山东济宁	2002年4月	露地	正常越冬
26	金缕梅科	Hamamelidaceae				
	檵木属	*Loropetalum* R. Brown				
	红花檵木	*Loropetalum chinense* （R. Br.） Oliv. var.*rubrum* Yieh				
27	蔷薇科	Rosaceae				
	萎陵菜属	*Potentilla*				
	金露梅	*Potentilla fruticosa* （L.）				
	蔷薇属	*Rosa* L.				
	木香花	*Rosa banksiae* Ait.				
	扁刺峨眉蔷薇	*Rosa omeiensis* Rolfe f. *pteracantha* （Franch）Rehd.et Wils.	宁夏六盘山	2005年4月	露地	正常越冬
	纯叶蔷薇	*Rosa sertata* Rolfe.				

续表9

序号	中文名	学 名	来 源	引入时间	生长环境	越冬情况
	南阳月季（高杆月季、月季树）	*Rosa chinensis* Jacg.				
	丰花月季	*Rosa hybrida* Hort.				
	玫瑰	*Rosa rugosa* Thunb	宁夏六盘山	2005 年 4 月	露地	正常越冬
	黄蔷薇	*Rosa hugonis* Hemsl	宁夏六盘山	2005 年 4 月	露地	正常越冬
	黄刺梅	*Rosa xanthina* Lindl.	宁夏六盘山	2005 年 4 月	露地	正常越冬
	秦岭蔷薇	*Rosa Tsinglingensis* Pax et Hlffm.			露地	正常越冬
	刺蔷薇	*Rosa acicularis* Lindl.	宁夏六盘山	2005 年 4 月	露地	正常越冬
	峨眉蔷薇	*Rosa omeiensis* Rolfe.	宁夏六盘山	2005 年 4 月	露地	正常越冬
	月季花	*Rosa chinensis* Jasq.	甘肃甘谷	2005 年 5 月	露地	正常越冬
	单瓣黄刺玫（变型）	*Rosa xanthina* Lindl f. *normalis* Rehd.et Wils.	宁夏六盘山	2005 年 4 月	露地	正常越冬
	罗得玫瑰	Bosa *chinensis* Jacq	甘肃甘谷	2005 年 5 月	露地	正常越冬
	美国明珠	HT '*American* Pride'('JACared')。美国 Warriner1978 年培育。	甘肃甘谷	2005 年 5 月	露地	正常越冬
	彼海岸	*Rosa chinsis* 'Lycoris'	甘肃甘谷	2005 年 5 月	露地	正常越冬
	浦江朝霞	*Rosa chinsis* Jacq	甘肃甘谷	2005 年 5 月	露地	正常越冬
	勇敢的人		甘肃甘谷	2005 年 5 月	露地	正常越冬
	光芒	HT 'Sunsation' 'KORgust' 'Veldfise' 'Wurzburg'	甘肃甘谷	2005 年 5 月	露地	正常越冬
	皇家威廉		甘肃甘谷	2005 年 5 月	露地	正常越冬
	保罗二世		甘肃甘谷	2005 年 5 月	露地	正常越冬
	黄河楼		甘肃甘谷	2005 年 5 月	露地	正常越冬
	大丰收	HT 'Grand Gala'('M Elpualis')	甘肃甘谷	2005 年 5 月	露地	正常越冬
	卡尔红		甘肃甘谷	2005 年 5 月	露地	正常越冬
	红丝绒		甘肃甘谷	2005 年 5 月	露地	正常越冬
	铁来斯毛林		甘肃甘谷	2005 年 5 月	露地	正常越冬
	酒美		甘肃甘谷	2005 年 5 月	露地	正常越冬
	标兵		甘肃甘谷	2005 年 5 月	露地	正常越冬
	状兵红		甘肃甘谷	2005 年 5 月	露地	正常越冬
	幽会		甘肃甘谷	2005 年 5 月	露地	正常越冬
	婚礼粉		甘肃甘谷	2005 年 5 月	露地	正常越冬

序号	中文名	学名	来源	引入时间	生长环境	越冬情况
	蓝丝带	HT 'Blue Ribbon'('AROlical') 美国 Christensen1984 年培育。亲本：('Angel Face' ×'First Prize) ×'Blue Nile'	甘肃甘谷	2005 年 5 月	露地	正常越冬
	扬基颜		甘肃甘谷	2005 年 5 月	露地	正常越冬
	黑珍珠		甘肃甘谷	2005 年 5 月	露地	正常越冬
	宴		甘肃甘谷	2005 年 5 月	露地	正常越冬
	居里夫人		甘肃甘谷	2005 年 5 月	露地	正常越冬
	鸡尾酒		甘肃甘谷	2005 年 5 月	露地	正常越冬
	塔加娜		甘肃甘谷	2005 年 5 月	露地	正常越冬
	黑天鹅	*Helianthus annus* L.	甘肃甘谷	2005 年 5 月	露地	正常越冬
	王威		甘肃甘谷	2005 年 5 月	露地	正常越冬
	保卫者		甘肃甘谷	2005 年 5 月	露地	正常越冬
	童话公主		甘肃甘谷	2005 年 5 月	露地	正常越冬
	贵夫人	*Ambassador*	甘肃甘谷	2005 年 5 月	露地	正常越冬
	先红		甘肃甘谷	2005 年 5 月	露地	正常越冬
	白天鹅	*White Swan*	甘肃甘谷	2005 年 5 月	露地	正常越冬
	大紫光		甘肃甘谷	2005 年 5 月	露地	正常越冬
	夏夜		甘肃甘谷	2005 年 5 月	露地	正常越冬
	绿云	HT 亲本：'Mount Shasta' ×'*Pascali*'	甘肃甘谷	2005 年 5 月	露地	正常越冬
	黑夫人	HT.(Black lady)(TANblady)	甘肃甘谷	2005 年 5 月	露地	正常越冬
	黑旋风		甘肃甘谷	2005 年 5 月	露地	正常越冬
	萨曼莎	HT 'Samantha'('JACmantha', 'JACanth') 美国 *Warrine*r1974 年培育。亲本：'Bridal Pink' ×'Seedling'	甘肃甘谷	2005 年 5 月	露地	正常越冬
	第一夫人		甘肃甘谷	2005 年 5 月	露地	正常越冬
	漂渡士		甘肃甘谷	2005 年 5 月	露地	正常越冬
	绣线菊属	*Spiraea* L.				
	粉花绣线菊（日本绣线菊）	*Spiraea japonica* L.f.	北京窦建	2005 年 4 月	露地	正常越冬
	珍珠花（珍珠绣线菊）	*Spiraea thunbergii* Sieb ex Bl.	北京窦建	2005 年 4 月	露地	正常越冬
	三裂叶绣线菊	*Spiraea trilobata* L.	宁夏六盘山	2005 年 4 月	露地	正常越冬
	美丽绣线菊	*Spiraea elegans* Pojark.	宁夏六盘山	2005 年 4 月	露地	正常越冬

序号	中文名	学　名	来　源	引入时间	生长环境	越冬情况
	疏毛绣线菊	*Spiraea hirsute* (Hemsl.)Schneid.	宁夏六盘山	2005 年 4 月	露地	正常越冬
	风箱果属	*Physocarpus* (Cambess.) Maxim.				
	紫叶风箱果	*Physocarpus opulifolius* ' Summer wine'				
	珍珠梅属	*Sorbaria* (Ser.)A.Br.ex Aschers.				
	华北珍珠梅	*Sorbaria kirilowii* (Regel)Maxim.	陕西	2003 年 4 月	露地	正常越冬
	枸子属	*Cotoneaster* B.Ehrhart				
	水枸子	*Cotoeaster multiflorus* Bge.	宁夏六盘山	2005 年 4 月	露地	正常越冬
	灰枸子	*Cotoneaster acutifolium* Turcz.	宁夏六盘山	2005 年 4 月	露地	正常越冬
	毛叶水枸子	*Cotoneaster submultiflorus* Popv.				
	火棘属	*Pyracantha* Roem.				
	火棘	*Pyracantha fortuneana* (Maxim.) Li	兰州西固	2005 年 4 月	温室栽培	
	山楂属	*Crataegus* L.				
	阿尔泰山楂	*Crataegus altaica* (Loudon) Lange	新疆乌鲁木齐	2007 年 4 月	露地	正常越冬
	山楂	*Crataegus pinnatifida* Bunge	宁夏银川	2005 年 3 月	露地	正常越冬
	甘肃山楂	*Crataegus kansuensis* Wils.	甘肃	2005 年 3 月	露地	正常越冬
	大果山楂（山里红）	*Crataegus pinnatifida* Bunge var. *major* N.E.Brown	新疆乌鲁木齐	2007 年 4 月	露地	正常越冬
	梨属	*Pyrus* L.				
	梨	*Pyrus bretschneideri* Rehd.	宁夏银川	2002 年 4 月	露地	正常越冬
	杜梨	*Pyrus betulaefolia* Bunge	宁夏银川	2002 年 4 月	露地	正常越冬
	枇杷属	*Eriobotrya* Lindl.				
	枇杷	*Eriobotrya japonica* (Thunb) Ait	宁夏银川	2005 年 4 月	温室栽培	
	花楸属	*Sorbus* L.				
	欧洲花楸	*Sorbus aucuparia.*	宁夏六盘山	2014 年 7 月	露地	正常越冬
	陕甘花楸	*Sorbus koehneana* Schneid.	宁夏六盘山	2005 年 4 月	露地	正常越冬
	石楠属	*Photinia* Lindl.				
	石楠	*Photinia serrulata* Lindl	甘肃平凉	2012 年 5 月	温室栽培	
	罗木石楠	*Photinia davidsoniae* Rend	甘肃平凉	2005 年 4 月	温室栽培	
	木瓜属	*Chaenomeles* Lindl.				

序号	中文名	学 名	来 源	引入时间	生长环境	越冬情况
	贴梗海棠（贴梗木瓜）	*Chaenomeles speciosa*（Sweet）Nakai C. Lagenaria Koidz.	北京窦建	2005 年 4 月	露地	正常越冬
	木瓜	*Chaenomeles sinensis*（Thouin）Koehne.	北京窦建	2005 年 4 月	露地	正常越冬
	苹果属	*Malus* Mill.				
	苹果	*Malus pumila* Mill.	陕西	2001 年 4 月	露地	正常越冬
	山荆子	*Morus baccata*（Linn）Borkh	陕西	2005 年 4 月	露地	正常越冬
	花叶海棠	*Morus transitoria*（Batal）Schneid	陕西	2005 年 4 月	露地	正常越冬
	垂丝海棠	*Malus halliana* Koehne	北京窦建	2005 年 4 月	露地	正常越冬
	红宝石海棠	*Malts micromalus* 'Ruby'	陕西	2005 年 4 月	露地	正常越冬
	绿宝石海棠	*Malus* "Jewelberry"				
	西府海棠	*Malus micromalus* Mak.	北京窦建	2005 年 4 月	露地	正常越冬
	八棱海棠	*Malus robusta* Rehder				
	绚丽海棠	*Malus* 'Radiant'				
	昭君海棠	*Malus*				
	雪球海棠	*Malus* 'Snowdrift'				
	冬红海棠					
	花红（沙果）	*Malus asiatica* Nakai	陕西	2005 年 4 月	露地	正常越冬
	海棠	*Malus spectabilis*（Ait.）Borkh.	陕西	2005 年 4 月	露地	正常越冬
	棣棠属	*Kerria* DC.				
	重瓣棣棠花	*Kerria japonica*（L）DC. f. *pleniflora*（Witte）Rehd.				
	棣棠花	*Kerria jajonica*（L.）DC.	河南	2005 年 4 月	温室栽培	
	鸡麻属	*Rhodotypos* Sieb. et Zucc.				
	鸡麻	*Rhodotypos scandens*（Thunb.）Makino		2008 年 4 月	露地	正常越冬
	李属（梅属）	*Prunus* L				
	紫叶李 { 红叶李 }	*Prunus cerasifera* Ehrh . 'Atropurpurea' Jacq.			露地	正常越冬
	李子	*Prunus salicina* Lindl.			露地	正常越冬
	红梅	*Prunus mume* Sieb et Zucc 'Alphandii'				
	绿梅	*Prunus mume* Sieb et Zucc 'Virdicalyx'				
	美人梅	*Prunus blireana* 'Meiren'				
	紫叶矮樱	*Prunus* × *cistena*				

续表13

序号	中文名	学 名	来 源	引入时间	生长环境	越冬情况
	樱桃	*Prunus pseudocerasus* Lindl.			露地	正常越冬
	毛樱桃	*Prunus tomentosa* Thunb.			露地	正常越冬
	榆叶梅	*Prunus triloba* Lindl.			露地	正常越冬
	撒金碧桃	*Prunus persica* Batsch f.*versicolor* Voss .		2016 年 5 月	露地	正常越冬
	绯桃	*Prunus persica* Batsch .var. *magnifica* Schneid.		2016 年 5 月	露地	正常越冬
	山桃	*Prunus davidiana*（Carr.）Franch.	宁夏六盘山	2001 年 4 月	露地	正常越冬
	京桃	*Prunus persica* f. *albo-plena*			露地	正常越冬
	红叶碧桃	*Prunus persica* Batsch f. *atorpurpurea* Schneid.		2016 年 5 月	露地	正常越冬
	蒙古扁桃	*Prunus mongolica* Maxim.	宁夏	2001 年 4 月	露地	正常越冬
	杏树	*Prunus armeniaca* Linn.	宁夏六盘山	2001 年 4 月	露地	正常越冬
	山杏（野杏）	*Prunus armeniaca* L.var.*ansu* Maxim.	宁夏六盘山	2001 年 4 月	露地	正常越冬
	桃	*Prunus persica*（L.）Batsch.			露地	正常越冬
	稠李	*Prunus padus.*L.			露地	正常越冬
	紫叶稠李	*Prunus wilsonii*			露地	正常越冬
	樱花	*Prunus serrulata* Lindl.	河南	2005 年 4 月	露地	正常越冬
	鸾枝	*Prunus triloba* var. *atropurpurea* Hort.			露地	正常越冬
	复瓣榆叶梅	*Prunus triloba* f. *multiplex* Rehd.			露地	正常越冬
	单瓣榆叶梅	*Prunus Triloba* f. *normalis* Rehd.			露地	正常越冬
	重瓣榆叶梅	*Prunus triloba* var. *plena* Dipp.			露地	正常越冬
28	豆科	Leguminosae				
	合欢属	*Albizia* Durazz.				
	合欢	*Albizia julibrissin* Durazz.	河南	2004 年 4 月	露地	需加保护措施
	皂角属	*Gleditsia* Linn.				
	皂角	*Gleditsia sinensis* Lam.	陕西	2005 年 5 月	露地	正常越冬
	山皂角	*Gleditsia jaonica* Mig.	新疆乌鲁木齐	2007 年 4 月	露地	正常越冬
	紫穗槐属	*Amorpha* L.				
	紫穗槐	*Amorpha fruticosa* L.	宁夏银川	2001 年 4 月	露地	正常越冬
	紫藤属	*Wisteria* Nutt				
	紫藤	*Wistaria sinensis* Sweet.	甘肃平凉	2005 年 4 月	露地	正常越冬
	紫荆属	*Cercis* Linn.				

序号	中文名	学　名	来　源	引入时间	生长环境	越冬情况
	紫荆	*Cercis chinensis* Bunge.	陕西周至	2005 年 11 月		
	刺槐属	*Robinia* Linn.				
	刺槐（洋槐）	*Robinia pseudoacacia* Linn.	宁夏银川	2001 年 4 月	露地	正常越冬
	毛刺槐（江南槐）	*Robinia hispida* L.	陕西	2004 年 5 月	露地	正常越冬
	无刺槐	*Robinia pssudoacacia* L. f. *inermis*（Mirb）Rehd	甘肃兰州	2005 年 4 月	露地	正常越冬
	槐属	*Sophora* Linn.				
	紫花槐	*Sophora japonica* L var.*pubescens* Bosse				
	蝴蝶槐（五叶槐）	*Sophora japonica* var. *oligophylla* Feanch	河南	2004 年 4 月	露地	正常越冬
	盘槐	*Sophora japonica* Linn.var *pendula*				
	国槐	*Sophora japonica* Linn.	宁夏银川	2004 年 4 月	露地	正常越冬
	金枝槐	*Sophora japonica* 'Golden stem'				
	龙爪槐	*Sophora japonica* L. f. *pendula* Loud.	甘肃平凉	2005 年 4 月	露地	正常越冬
	白刺花	*Sophora viciifolia* Hance	甘肃平凉	2005 年 4 月	露地	正常越冬
	锦鸡儿属	*Caragana* Fabr				
	树锦鸡儿	*Caragana arborescens* Lam.	新疆乌鲁木齐	2007 年 4 月	露地	正常越冬
	柠条锦鸡儿	*Caragana korshinskii* Kom.	宁夏盐池	2001 年 4 月	露地	正常越冬
	小叶锦鸡儿（柠条）	*Caragana microphylla* Lam.	宁夏银川	2001 年 4 月	露地	正常越冬
	阿拉善锦鸡儿	*Caragana przewalskii* Pojark.	宁夏银川	锦鸡儿	露地	正常越冬
	荒漠锦鸡儿	*Caragana roborovskyi* Kom.	宁夏银川	2001 年 4 月	露地	正常越冬
	鬼箭锦鸡儿	*Caragana jubata*（Pall.）Poir.	宁夏银川	2001 年 4 月	露地	正常越冬
	胡枝子属	*Lespedeza* Michx.				
	胡枝子	*Lespedeza bicolor* Turcz.				
	沙冬青属	*Ammopiptanthus* Cheng f.				
	沙冬青	*Ammopiptanthus mongolicus*（Maxim.）Cheng f.				
	岩黄芪属	*Hedysarum* L				
	花棒	*Hedysarum scoparium* Fisch.				
	凤凰木属	*Delonix* Raf.				
	凤凰木	*Delonis regia*（Bojea）Raf				
	香槐属	*Cladrastis* Raf.				
	香槐	*Cladrastis wilsonii* Takeda	甘肃天水	2006 年 4 月	露地	正常越冬

续表15

序号	中文名	学　名	来　源	引入时间	生长环境	越冬情况
29	芸香科	Rutaceae				
	柑橘属	*Citrus* L.				
	柑橘	*Citrus reticulata* Blanco				
	柚子	*Citrus grandis*（L）Osbeck				
	黄檗属	*Phellodendron* Rupr.				
	黄檗（黄菠萝）	*Phellodendron amurense* Rupr.				
30	苦木科	Simaroubaceae				
	臭椿属	*Ailanthus* Desf.				
	臭椿	*Ailanthus altissima*（Mill.）Swingle	宁夏银川	2001 年 4 月	露地	正常越冬
	千头椿	*Ailanthus altissima* 'Qiantou'	河南	2004 年 4 月	露地	正常越冬
31	楝科	Meliaceae				
	楝属	*Melia* Linn.				
	楝树	*Melia azedarach* L.	河南	2005 年 5 月	温室栽培	
	香椿属	*Toona* Roem.				
	香椿	*Toona sinensis*（A.juss.）Roem.	河南	2005 年 5 月	露地	需加保护措施
32	大戟科	Euphorbiaceae				
	乌柏属	*Sapium* P. Br.				
	乌柏	*Sapium sebiferum* Roxb.				
33	黄杨科	Buxaceae				
	黄杨属	*Buxus* L				
	黄杨（瓜子黄杨）	*Buxus sinica*（Rehd et Wils）				
	雀舌黄杨（细叶黄杨）	*Buxus bodiniari* Levl.				
34	漆树科	Anacardiaceae				
	黄栌属	*Cotinus*（Tourn.）Mill.				
	黄栌	*Cotinus coggygria* Scop.	宁夏六盘山	2005 年 5 月	露地	正常越冬
	红栌（紫叶黄栌）	*Cotinus coggygria* var. *purpurens* Rehd.	河南民权	2005 年 4 月	露地	正常越冬
	盐肤木属	*Rhus*（Tourn.）L. emend. Moench				
	火炬树	*Rhus Typhina* Nutt	宁夏银川	2001 年 4 月	露地	正常越冬
	盐肤木	*Rhus chinensis* Mill.	甘肃兰州	2005 年 4 月	露地	正常越冬
	青麸杨	*Rhus potaninii* Maxim.	甘肃天水	2005 年 11 月	露地	正常越冬
	漆属	*Toxicodendvon*（Tourn.）Mill.				

序号	中文名	学　名	来　源	引入时间	生长环境	越冬情况
	漆树	*Toxicodendron vernicifluum*（Stokes）F. A. Barkl.	甘肃天水	2006 年 4 月		
	黄连木属	*Pistacia* Linn.				
	阿月浑子	*Pistacia vera* Linn.	新疆苏扶	2002 年 4 月	露地	越冬需加保护措施
35	冬青科	*Aquifoliaceae*				
	冬青属	*Ilex* L.				
	枸骨（老虎刺）	*Ilex cornuta* Lindl. et Paxt.				
	大叶冬青	*llex latifolia* Thuns				
36	卫矛科	*Celastraceae*				
	卫矛属	*Euonymus* L.				
	陕西卫矛（金丝吊蝴蝶）	*Euonymus schensianus* Maxim.		2014 年 4 月	露地	正常越冬
	栓翅卫矛	*Euonymus phellomanus* Loes.	宁夏六盘山	2005 年 4 月	露地	正常越冬
	胶东卫矛	*Euonymus kiaustshovicus* Loes.			露地	正常越冬
	矮卫矛	*Euonymus nanus* Bieb.	宁夏六盘山	2004 年 4 月	露地	正常越冬
	金边黄杨	*Euonymus japonicus* Thunb.var *aureo-variegata* Rog.				
	金心黄杨	*Euonymus japonicus* Thunb.var *aureo-variegata* Rog.				
	丝绵木（白杜、明开夜合）	*Euonymus maackii* Rupr.	宁夏银川	2004 年 4 月	露地	正常越冬
	大叶黄杨	*Euonymus japonicus* Thunb.		2004 年 4 月	露地	正常越冬
	南蛇藤属	*Celastrus* L.				
	南蛇藤	*Celastrus orbiculatus* Thunb				
37	槭树科	*Aceraceae*				
	槭树属	*Acer* Linn.				
	红枫（紫色鸡爪槭）	*Acer palmatum* ‘Atropurpureum’		2010 年 4 月	露地	越冬需加保护措施
	鸡爪槭	*Acer palmatum* Thunb ‘Linecarilobum’	甘肃天水	2005 年 11 月	露地	正常越冬
	线裂鸡爪槭	*Acer paimatum* Thunb ‘Linecailobum.’		2010 年 4 月	露地	越冬需加保护措施
	庙台槭	*Acer miaotaiense* P. C. Tsoong				
	茶条槭	*Acer ginnala* Maxim.	宁夏六盘山	2004 年 4 月	露地	正常越冬
	细裂槭	*Acer stenolobum* Rehd.				
	大叶细裂槭	*Acer stenolobum* Rehd. var. *megalophyllum* Fang et Wu				

续表17

序号	中文名	学 名	来 源	引入时间	生长环境	越冬情况
	五角枫（五角枫地锦槭、五角槭、色木）	*Acer mono* Maxim	辽宁	2006 年 3 月	露地	正常越冬
	元宝枫（平基槭、华北五角槭、色树、元宝树、枫香树）	*Acer truncatum* Bunge	宁夏	2004 年 4 月	露地	正常越冬
	复叶槭	*Acer negundo* L.	宁夏银川	2004 年 4 月	露地	正常越冬
	挪威黄金枫（挪威槭）、普林斯顿黄金枫	*Acer platanoides* 'princeton Gold'				
	葛萝槭	*Acer grosseri* Pax in Engl				
	三角枫	*Acer buergerianum* Miq.	辽宁	2006 年 3 月	露地	正常越冬
	青榨槭	*Acre davidii* Fr. in Nouv.				
	建始槭	*Acer henryi* Pax.	甘肃天水	2006 年 4 月	露地	正常越冬
	叉叶槭	*Acer robusfum* Pax.	甘肃天水	2006 年 4 月	露地	正常越冬
	青皮槭	*Acer hersii* Rehd.	甘肃天水	2005 年 11	露地	正常越冬
38	七叶树科	Hippocastanaceae				
	七叶树属	*Aesculus* Linn.				
	七叶树	*Aesculus chinensis* Bge.				
39	无患子科	*Sapindaceae*				
	栾树属	*Koelreuteria* Laxm.				
	全缘叶栾树（黄山栾）	*Koelreuteria integriflia* Merr				
	栾树	*Koelreuteria paniculata* Laxm.			露地	正常越冬
	黄山栾	*Koelreuteria inegrifolia* Merr.		2014 年 4 月	温室栽培	
	文冠果属	*Xanthoceras* Bunge				
	文冠果	*Xanthoceras sorbifolia* Bunge	北京窦建	2005 年 4 月		
40	鼠李科	Rhamnaceae				
	枣属	*Ziziphus* Mill.				
	龙枣	*Zizphus jujuba* Mill.'Tortuosa'		2014 年 4 月	露地	正常越冬
	枣	*Ziziphus jujube* Mill.	宁夏灵武	2004 年 4 月	露地	正常越冬
	酸枣	*Ziziphus jujuba* Mill. var. *spinosa*（Bge.）Hu	宁夏银川	2001 年 4 月	露地	正常越冬
	鼠李属	*Rhamnus* L.				
	柳叶鼠李	*Rhamnus erythroxylon* Pall	宁夏贺兰山	2016 年 4 月	露地	正常越冬
	金刚鼠李	*Rhamnus diamantiaca* Nakai.	新疆乌鲁木齐	2007 年 4 月	露地	正常越冬

序号	中文名	学 名	来 源	引入时间	生长环境	越冬情况
	小叶鼠李	*Rhamnus parvifolia* Bge.	宁夏六盘山	2004 年 4 月	露地	正常越冬
	枳椇属	*Hovenia* Thunb.				
	枳椇	*Hovenia dulcis* Thunb.	陕西	2005 年 5 月	温室栽培	
41	葡萄科	Vitaceae				
	葡萄属	*Vitis* L.				
	葡萄	*Vitis vinifera* L.	宁夏银川	2002 年 4 月	露地	越冬需加保护措施
	毛葡萄	*Vitis quinquangularis* Rehd.mao.		2002 年 4 月	露地	正常越冬
	爬山虎属	*Parthenocissus* Planch.				
	爬山虎	*Parthenocissus tricllspidata* (sieb.et Zucc.) Planch.				
42	杜英科	Elaeocarpaceae				
	杜英属	*Elaeocarpus* Linn.				
	杜英	*Elacocarpus sylvestris*(Lour).Poir				
43	椴树科	Tiliaceae				
	椴树属	*Tilia* Linn.				
	糠椴	*Tilia mandshurica* Rupr.et Maxim	甘肃天水	2006 年 4 月	露地	正常越冬
	华椴	*Tilia .chinensis* Maxim.	甘肃天水	2006 年 4 月	露地	正常越冬
	少脉椴	*Tilia paucicostata* Maxim.	甘肃兰州	2005 年 4 月	露地	正常越冬
44	锦葵科	Malvaceae				
	木槿属	*Hibiscus* Linn.				
	木槿	*Hibiscus syriacus* L.	河南民权	2003 年 4 月	露地	轻微冻害
	重瓣木槿	*Hibiscus syriacus* f.*amplissimus*				
	白花重瓣木槿	*Hibiscus syriacus* Linn. f. *alba-plenus* Loudon	河南民权	2003 年 4 月	露地	轻微冻害
	粉紫重瓣木槿	*Hibiscus syriacus* Linn. f. *amplissimus* L. F. Gognep.	河南民权	2003 年 4 月	露地	轻微冻害
	扶桑	*Hibiscus rosa-sinensis* L.		2005 年 5 月	温室栽培	
45	木棉科	Bombacaceae				
	木棉属	*Bombax* Linn.				
	木棉	*Gossampinus malabarica*（DC Merr.）				
46	梧桐科	Sterculiaceae				
	梧桐属	*Firmiana* Marsili				
	梧桐	*Firmiana simplex*（L.）W.F.Wight	河南	2005 年 5 月	露地	受冻害

续表19

序号	中文名	学　名	来　源	引入时间	生长环境	越冬情况
	苹婆属	*Sterculia* Linn.				
	苹婆	*Sterculia nobilis* Smith				
47	蒺藜科	Zygophyiiaceae				
	四合木属	*Tetraena* Maxim				
	四合木	*Tetraena mongolica* Maxim.				
48	山茶科	Theaceae				
	山茶属	*Camellia* L.				
	茶梅	*Camellia sasanqua* Thunb		2004年4月	温室	
	山茶	*Camellia japonica* L.		2004年4月	温室	
	红山茶（杨贵妃）	*Camellia japonica* L.var *anemoniflora* Curtis.			温室	
	白山茶	*Camellia japonica* L. var. *alba* Lodd		2004年4月	温室	
	茶	*Camellia sinensis*(Linn) O. Ktze	陕西	2004年4月	温室	
49	柽柳科	Tamaricaceae				
	柽柳属	*Tamarix* Linn.				
	柽柳	*Tamarix chinensis* Lour.	宁夏西吉	2004年4月	露地	正常越冬
	多枝柽柳	*Tamariv ramosissima* Ledeb.	宁夏	2006年4月	露地	正常越冬
50	瑞香科	Thymelaeacea				
	结香属	*Edgewortyia* Meisn.				
	结香(瑞香三木亚)	*Edgeworthia chrysantha* Lindl.				
51	胡颓子科	Elaeagnaceae				
	胡颓子属	*Elaeagnus* Linn.				
	沙枣（桂香柳）	*Elaiagnus angustifolia* L.	宁夏银川	2001年4月	露地	正常越冬
	胡颓子	*Elaeagnus pungens* Thunb.	宁夏六盘山	2001年4月	露地	正常越冬
	沙棘属	*Hippophae* Linn.				
	沙棘	*Hippophae rhamnoides* Linn.	宁夏六盘山	2001年4月	露地	正常越冬
	大果沙棘	*Fructus Hippophae*	宁夏银川	2004年4月	露地	正常越冬
	大沙枣	*Elaeagnus moorcroftii* Wall.ex Schlecht.	宁夏银川	2001年4月	露地	正常越冬
52	千屈菜科	Lythraceae				
	紫薇属	*Lagerstroemia* Linn.				
	紫薇（痒痒树、百日红）	*Lagerstroemia indica* L.	河南	2005年5月	温室	
	翠薇	*Lagerstroemia indica*（L.）var. *rubra* Lav.	河南	2005年5月	温室	翠薇

序号	中文名	学　名	来　源	引入时间	生长环境	越冬情况
	银薇（白薇）	*Lagerstroemia indica* L. f. alba（Nichols）Rehd.	河南	2005 年 5 月	温室	
	红薇	*Lagerstroemia indica*（L.）var. *amabilis* Makino.	河南	2005 年 5 月	温室	
53	石榴科	Punicaceae				
	石榴属	*Punica* Linn.				
	石榴	*Punica granatum* L	甘肃甘谷	2005 年 5 月	温室栽培	
	重瓣红石榴	*Punica granatum* Linn. var *pleniflora* Hayne		2015 年 5 月	温室栽培	
	月季石榴	*Punica granatum* var. *nanapers.*	甘肃甘谷	2005 年 5 月	温室栽培	
	白石榴	*Punica granatum* Linn. var *albescens* DC.		2014 年 4 月	温室栽培	
54	桃金娘科	Myrtaceae				
	红千层属	*Callistemon* R. Br.				
	红千层(瓶刷子树,红瓶刷)	*Callistemon rigidus* R.Br.				
55	五加科	Araliaceae				
	八角金盘属	*Fatsia* Decne. Planch.				
	八角金盘	*Fatsia japonica*（Thunb.）Decne. et Planch.				
	五加属	*Acanthopanax* Miq.				
	短柄五加	*Acanthopanax brachypus* Harms.	甘肃子午岭		露地	正常越冬
	楤木属	*Aralia* L.				
	黄花楤木	*Aralia chinensis* Linn.var *nuda* Nakai.	宁夏六盘山	2004 年 4 月	露地	正常越冬
	刺楸属	*Kalopanas* Miq.				
	刺楸	*Kalopanas septemlobus*（Thunb.）Koidz.			温室栽培	
56	山茱萸科	Cornaceae				
	梾木属	*Swida* Opiz				
	毛梾	*Swida walteri*（Wanger.）Sojak	甘肃兰州	2005 年 4 月	露地	正常越冬
	灯台树	*Cornus controversa* Hemsl.	甘肃天水	2005 年 11 月	露地	正常越冬
	红瑞木	*Cornus alba* L.				
	山茱萸属	*Macrocarpium*（Spach）Nakai				
	山茱萸	*Macrocarpium officinale*（S. et Z.）Nakai（*cornus officinalis* S.et Z.）	陕西	2005 年 4 月	露地	正常越冬
	四照花属	*Dendrobenthamia* Hutch				

续表21

序号	中文名	学　名	来　源	引入时间	生长环境	越冬情况
	四照花	*Dendrobenthamia japonica*（DC）Fang var.*chinensis*（Osborn）Fang				
	桃叶珊瑚属	*Aucuba* Thunb.				
	花叶青木（洒金珊瑚）	*Aucuba chinensis* Bench 'Uariegata'				
57	杜鹃花科	Ericaceae				
	杜鹃属	*Cuculus*				
	杜鹃（映山红）	*Rhododendron simsii* Planch.				
	毛杜鹃	*Rhododendrom pulchrum.*				
58	柿科	Ebenaceae				
	柿属	*Diospyros* Linn.				
	柿	*Diospyros kaki* Thunb.	陕西周至	2005 年 11 月	温室栽培	
	君迁子	*Diosphros lotus* Linn.		2008 年 5 月	露地	轻微冻害
59	木犀科	Oleaceae				
	雪柳属	*Fontanesia* Labill.				
	雪柳	*Fontanesia fortunei* Carr.	新疆乌鲁木齐	2007 年 4 月	露地	正常越冬
	白蜡树属（梣属）	*Fraxinus* Linn				
	对节白蜡（湖北白蜡）	*Fraxinus hupehensis* Chu，Shang et Su	湖北	2010 年 4 月	露地	正常越冬
	洋白蜡	*Fraxinus pennsylvanica* Maush.	陕西	2008 年 4 月	露地	正常越冬
	水曲柳(满州白蜡）	*Fraxinus mandshurica* Rupr	宁夏六盘山	2004 年 4 月	露地	正常越冬
	绒毛白蜡	*Fraxinus velutina* Torr.	天津	2015 年 4 月	露地	正常越冬
	白蜡树属（梣属）	*Fraxinus* Linn.				
	新疆小叶白蜡	*Fraxinus sogdiana* Bunge.	新疆	2007 年 5 月	露地	正常越冬
	白蜡	*Fraxinus chinensis* Roxb.	宁夏银川	2002 年 4 月	露地	正常越冬
	水楸	*Fraxinus platypoda* Oliv.	甘肃天水	2006 年	露地	正常越冬
	花曲柳	*Fraxinus rhynchophylla* Hance	新疆乌鲁木齐	2007 年 4 月	露地	正常越冬
	连翘属	*Forsythia* Vahl				
	连翘	*Forsythia suspense*（Thumb）Vahl.	陕西	2004 年 4 月	露地	正常越冬
	丁香属	*Syringa* Linn.				
	羽叶丁香	*Syringa pinnatifolia* Hemsl.	宁夏贺兰山	2007 年 4 月	露地	正常越冬
	紫丁香	*Syringa oblate* Lindl.	宁夏六盘山	2003 年 4 月	露地	正常越冬

序号	中文名	学　名	来　源	引入时间	生长环境	越冬情况
	暴马丁香	*Syringa reticulata*（Bl.）Hara var. amurensis（Rupr.）Pringle	甘肃西固	2004 年 4 月	露地	正常越冬
	小叶丁香（四季丁香、绣球丁香）	*Syringa microphylla* Diels.		2010 年 5 月	露地	正常越冬
	北京丁香	*Syringa pekinensis* Rupr.				
	红花丁香	*Syringa villosa* Vahl.	甘肃兰州	2005 年 4 月	露地	正常越冬
	小叶丁香	*Syringa microphylla* Diels				
	流苏树属	*Chionanthus* L.				
	流苏	*Chionanthus retusus* Lindl.et Faxt.	北京窦建	2005 年 4 月	露地	正常越冬
	女贞属	*Ligustrum* Linn.				
	水腊	*Ligustrum obtusifolium* Sieb. et Zucc.	辽宁	2010 年 4 月	露地	正常越冬
	小叶女贞	*Ligustrum quithoui* Carr.			露地	越冬需加保护措施
	金叶女贞	*Ligustrum ovalifolium* var. variegatwm Hort.	陕西宝鸡	2005 年 4 月	露地	
	木犀属	*Osmanthus* Lour.				
	桂花	*Osmanthus fragrans*（Thunb）Lour.	河南	2004 年 4 月	温室栽培	
	丹桂	*Osmanthus fragrans* Lour. var. aurantiacus Makino.				
	金桂	*Osmanthus fragrans* Lour. var. thunbergii Makino.				
	四季桂	*Osmanthus fragrans* Lour. var. semperflorens Hort.				
	银桂	*Osmanthus fragrans* Lour. var. latifolius. Makino.				
	茉莉属（素馨属）	*Jasminum* Linn.				
	迎春	*Jasninum nudiflorum* Lindl.	陕西	2008 年 4 月	露地	正常越冬
60	马钱科	Loganiaceae				
	醉鱼草属	*Buddleja* Linn.				
	互叶醉鱼草	*Buddleia alternifolia* Maxim.	宁夏银川	2005 年 4 月	露地	正常越冬
61	夹竹桃科	Apocynaceae				
	黄花夹竹桃属	*Thevetia* Linn.				
	黄花夹竹桃	*Thevetia peruviana*（Pers.）K. Schum				
	夹竹桃属	*Nerium* Linn.				
	红花夹竹桃	*Nerium indicum* Mill.				
	白花夹竹桃	*Nerium indicum* Mill. ‘Paihua’				
	夹竹桃	*Nerium indicum* Mill.				

续表23

序号	中文名	学 名	来 源	引入时间	生长环境	越冬情况
	罗布麻属	*Apocynum* L.				
	罗布麻	*Apocynum venetum* L.				
62	萝藦科	Asclepiadaceae				
	杠柳属	*Periploca* L.				
	杠柳	*Periploca sepium* Bunge				
63	马鞭草科	Verbenaceae				
	莸属	*Caryopteris* Bunge				
	兰香草	*Caryopteris incana* (Thumb) Miq				
	蒙古莸	*Cargopteris mongolica* Bunge.				
64	茄科	Solanaceae				
	枸杞属	*Lycium* L.				
	枸杞	*Lyeium barbarum* L.				
65	玄参科	*Scrophulariaceae*				
	泡桐属	*Paulownia* Sieb. et Zucc.				
	毛泡桐	*Paulownia tomentosa* （Thunb) Steud.	河南兰考	2001 年 4 月	露地	正常越冬
66	紫葳科	Bignoniaceae				
	梓属	*Catalpa* Scop.				
	梓	*Catalpa ovata* G. Don	河南	2004 年 4 月	露地	正常越冬
	楸	*Catalpa bungei* C.A.Mey.	甘肃	2014 年 4 月	露地	正常越冬
	凌霄属	*Campsis* Lour.				
	凌霄	*Campsis grandiflora* （Thunb.) Loisel.				
67	忍冬科	Caprifoliacceae				
	忍冬属	*Lonicera* L.				
	鞑靼忍冬	*Lonicera tatarica* L.				
	红金银花	*Lonicera japonica* Thunb var. *chinensis* Baker.				
	盘叶忍冬	*Lonicera tragophylla* Hemsl.	宁夏六盘山	2004 年 4 月	露地	正常越冬
	葱皮忍冬	*Lonicera ferdinandii* Franch.	宁夏六盘山	2004 年 4 月	露地	正常越冬
	小叶忍冬	*Lonicera microphylla* Willd.ex Roem.et schult.	宁夏六盘山	2010 年 5 月	露地	正常越冬
	金银忍冬(金银木)	*Lonicera maackii* （Rupr.) Maxim.	宁夏六盘山	2010 年 5 月	露地	正常越冬
	红花忍冬（变种）	*Lonicera rupicola* var. *syringantha* （Maxim.) Zabel.	宁夏六盘山	2004 年 4 月	露地	正常越冬
	兰果忍冬	*Lonicera microphylle* Willd .ex Roem.et.Schult	新疆乌鲁木齐	2007 年 4 月	露地	正常越冬

序号	中文名	学 名	来 源	引入时间	生长环境	越冬情况
	粗毛忍冬	*Lonicera hispida* Pall.ex Roem. et Schult.	宁夏六盘山	2004 年 4 月	露地	正常越冬
	六道木属	*Abelia* R.Br				
	南方六道木（大白六道木）	*Abelia dielsii*(Graebn.）Rehd.	宁夏六盘山	2004 年 4 月	露地	正常越冬
	六道木	*Abelia biflora.* Turcz.	宁夏六盘山	2004 年 4 月	露地	正常越冬
	锦带花属	*Weigeia thunb*				
	锦带花	*Weigeia florida* （Bge.）A.DC.	北京窦建	2005 年 5 月	露地	正常越冬
	红王子锦	*Weigela florida* 'Red Prince'				
	四锦带	*Weigeia florida* A.DC.	北京窦建	2005 年 5 月	露地	正常越冬
	红黄子锦带	*Weigeia* sp.		2005 年 5 月	露地	正常越冬
	猬实属	*Kolkwitzia* Graebn				
	猬实	*Kolkwitzia amabilis* Graebn				
	接骨木属	*Sambucus* L.				
	接骨木	*Sambucus williamsii* Hance.	新疆乌鲁木齐	2007 年 4 月	露地	正常越冬
	荚蒾属	*Viburnum* L.				
	陕西荚蒾	*Viburnum schensianum* Maxim.	甘肃兰州	2005 年 5 月	露地	正常越冬
	蒙古荚蒾	*Uiburnus mongolicam*（Pall.）Rchd.				
	香荚蒾	*Viburnum farreri* W. T. Stearn	宁夏六盘山	2004 年 4 月	露地	正常越冬
	天目琼花（鸡树条荚蒾）	*Viburnum sargentii* Koehne	宁夏六盘山	2004 年 4 月	露地	正常越冬
	木本绣球（大绣球、荚蒾绣球）	*Viburnum macrocephalum* Fort			露地	正常越冬
	阔叶荚蒾	*Viburnum lobophyllum* Graeb.	兰州西固	2005 年 5 月	露地	正常越冬
68	紫茉莉科	Nyctaginaceae				
	叶子花属	*Bougainvillea* Comm.ex Juss.				
	三角梅(光叶子花）	*Bougainvillea glabra*				
69	虎皮楠科	Daphniphyllaceae				
	虎皮楠属	*Daphniphyllum* Bl.				
	虎皮楠	*Daphniphyllum oldhamii*（Hemsl.) Rosehth.				
单子叶植物						
70	禾本科	Gramineae				
	刚竹属	*Phyllostachys* Sieb.et Zucc.				

续表25

序号	中文名	学 名	来 源	引入时间	生长环境	越冬情况
	黄槽竹	*Phyllostachys anrcosulcata* McClure				
	紫竹	*Phyllostachys nigra* (Lodd. ex Lindl.) Munro	江苏夏溪	2013 年 5	温室栽培	
	龟甲竹	*Phyllostachys heterocycla* (Carr.) Mieford	江苏夏溪	2013 年 5	温室栽培	
	罗汉竹	*Phyllostachys aurea*	江苏夏溪	2013 年 5	温室栽培	
	金明竹	*Phyllostachys bambusoides* var. *castillonis*	江苏夏溪	2013 年 5	温室栽培	
	金镶玉竹	*Phyllostachys aureosulcata spectabilis*	江苏夏溪	2013 年 5	温室栽培	
	斑竹	*Phyllostachys bambusoides* Sieb.et Zuzz. f. *lacrima-deae* Keng F. et Wen	江苏夏溪	2013.5	温室栽培	
	毛竹属	*Phyllostachys* Sieb.et.Zucc.				
	毛竹	*Phyllostachys pubescens* Mazel ex H.de Lehaie	江苏夏溪	2013 年 5	温室栽培	
	慈竹属	*Neosinocalamus* Keng f.				
	慈竹（钓鱼慈，吊竹）	*Neosinocalamus affinis* (Rendle) Kens	江苏夏溪	2013 年 5	温室栽培	
	箬竹属	*Indocalamus* Nakai				
	阔叶箬竹	*Indocalamus latifolius* (Kens) McCluer				
	华桔竹属	*Fargesia* Franch				
	华西华桔竹	*Fargesia mitida*（Mitford）Keng f.	宁夏六盘山	2005 年 4	露地	正常越冬
	倭竹属	*Shibataeae* Makino ex Nakai				
	狭叶矮竹	*Shibataea lanceifolia* C.H.Hu.				
71	棕榈科	Palmae				
	棕榈属	*Trachycarpus* H. Wendl.				
	棕榈	*Trachycarpus fortunei*（Hook. F.）H. Wendl.	陕西洋县	2003 年 4	温室栽培	
	散尾葵属	*Chrysalidocarpus* Wendl				
	散尾葵	*Chrysalidocarpus lutescens* H.Wendl.				
	刺葵属	*Phoenix* Linn.				
	海枣（伊拉克枣、椰枣）	*Phoenix dactylifera* L.				

结果：共收集植物71科161属349种

裸子植物

Gymnospermae

苏铁科 Cycadaceae Persoon

苏铁属 Cycas L.

1 苏铁（铁树）

Cycas revoluta Thunb.

形态特征：树干高约2 m，羽状叶从茎的顶部生出，下层的向下弯，上层的斜上伸展，整个羽状叶的轮廓呈倒卵状狭披针形。雄球花圆柱形，有短梗。种子红褐色或橘红色，倒卵圆形或卵圆形，稍扁，顶端有尖头。花期6—8月，种子10月成熟。

生长特性：喜光，喜铁元素，稍耐半阴。喜肥沃湿润和微酸性的土壤，但也能耐干旱。生长缓慢，十余年以上的植株可开花。

分布：产于福建、台湾、广东，各地常有栽培。在福建、广东、广西、江西、云南、贵州及四川东部等地多栽植于庭园，江苏、浙江及华北各省区多栽于盆中，冬季置于温室越冬。日本南部、菲律宾和印度尼西亚也有分布。

利用价值：珍贵观赏树种，茎内含淀粉，可供食用；种子含油和丰富的淀粉，微有毒，供食用和药用；叶、花、种子、根可入药。

银杏科 Ginkgoaceae

银杏属 *Ginkgo* L.

2 银杏（白果树）
Ginkgo biloba L.

形态特征：落叶乔木，幼树树皮近平滑，浅灰色，大树之皮灰褐色，不规则纵裂。叶扇形，叶互生，在长枝上辐射状散生，在短枝上3～5枚成簇生状。球花单性，雌雄异株，球花单生于短枝的叶腋；雄球花呈荑黄花序状，雄蕊多数，种子核果状，具长梗，下垂，椭圆形、长圆状倒卵形、卵圆形或近球形；假种皮肉质，被白粉，成熟时淡黄色或橙黄色；种皮骨质，白色，内种皮膜质。4月上旬至中旬开花，9月下旬至10月上旬种子成熟，10月下旬至11月落叶。

生长特性：适于生长在水热条件比较优越的亚热带季风区。土壤为黄壤或黄棕壤，pH 5～6。初期生长较慢，耐寒能力强、萌蘖性强。

分布：主要分布在山东、浙江、安徽、福建、江西、河北、河南、湖北、江苏，湖南、四川、贵州、广西、广东、云南等省市，另外台湾也有少量分布。

利用价值：优良的城市绿化树种；木材可做建筑、家具、器具、雕刻、绘图板及其他工艺用。种仁入药，并可炒食或甜食。外种皮可作农药用。

松科 Pinaceae
冷杉属 *Abies* Mill.

3 **秦岭冷杉**
Abies chensiensis Tiegh

形态特征：常绿乔木，高40 m，小枝光滑，或凹槽中具疏柔毛，淡黄灰色，老枝暗灰色。叶水平开展，近二列状排列，条状，中部以上较宽，边缘微反曲，长1.5～4.2 cm，先端常圆而凹入，罕急尖，在幼树上常2尖裂，叶表面中肋或沟状。

分布：湖北、四川、甘肃、陕西等省。

利用价值：木材较软，可供造纸、火柴及制家具用。

黄杉属 *Pseudotsuga* Carr.

4 澜沧黄杉
Pseudotsuga forrestii Craib

形态特征：常绿乔木。叶排成二列，狭条形，长3.0~5.5 cm，先端有凹缺，基部楔形并扭转，上面中脉凹下，下面有两个灰白色或灰绿色气孔带。球果长卵形或椭圆状卵形，长5~8 cm，苞鳞上部明显外露并向外反伸或反曲。

分布：云南西北部、西藏东南部。

利用价值：适应性强，生长较快，材质优良。可供建筑、桥梁、家具等用。在产区的高山中，上部可选为造林树种。

5 北美黄杉（花旗松）
Pseudotsuga menziesii (Mirb.) Franco

　　形态特征：常绿乔木，高达100 m，胸径达12 m，树皮厚，深裂成鳞状。叶条形，长1.5～3.0 cm，先端钝或微尖，下面有两条灰绿色气孔带。球果呈椭圆状卵圆形，长约8 cm，褐色，有光泽，种鳞斜方形或近菱形，苞鳞长于种鳞，中裂片窄长渐尖，两侧裂片较宽而短。

　　分布：美国西部太平洋沿岸、加拿大。

　　利用价值：材质优良。可供建筑、桥梁、家具等用。

铁杉属 *Tsuga* Carr.

6 铁杉
Tsuga chinensis (Franch.) Pritz.

形态特征：常绿乔木，高50 m，树皮灰色，纵裂，片状脱落，小枝淡黄色。叶条形，1.0~2.8 cm，暗绿色，稍有沟槽，背面有白色气孔。球果1.5~3.0 cm，下垂。

分布：南至广东、广西北部、福建、浙江、湖北、湖南、四川、甘肃、陕西等。

利用价值：纹理直，质较轻软，但耐久，可供建筑、家具和造纸等用。叶可提取挥发油。可用作水源涵养林造林树种和观赏树种。

云杉属 *Picea* Dietr.

7 青海云杉
Picea crassifolia Kom.

形态特征：常绿乔木，高可达35 m，径60 cm，树皮灰褐色或块状脱落，小枝具明显隆起的叶枕，多少被短毛，或几乎没毛，一年生树淡绿黄色，2~3年生枝常显粉红色。叶在枝上，螺旋状着生，枝下和两侧的叶子向上生长，多少弯曲或直，四棱状条形，长1.2~2.2 cm，宽2.0~2.5 mm，先端钝，四面有粉白色气孔线。球果圆柱形或短圆状圆柱形，长7~11 cm，单生枝端，幼时紫红色，成熟后褐色，种鳞倒卵形，先端圆；种子倒卵形，长约3.5 mm，种翅倒卵状膜质。花期5月，球果9—10月成熟。

分布：我国内蒙古、甘肃、青海等省（区），宁夏贺兰山、罗山生长在2400 m的阴坡和半阴坡。

利用价值：用材树种，可供建筑、家具和造纸等用，因为树形优美，常做庭院绿化种树。

8 鳞皮云杉
Picea retroflexa Mast

形态特征：常绿乔木，高可达45 m，径60 cm，树皮灰色，裂成脱落前四边剥离不规则的块状薄片，一年生枝细微有白粉金黄色或淡褐黄色，主枝之叶辐射伸展。球果圆柱状或圆柱状椭圆形，幼时紫红色，成熟紫红色，种子斜卵圆形。花期5月，球果10月成熟。

生长特性：喜气温较低、稍干、温凉、排水良好的酸性土壤。

分布：为中国特有树种，分布四川岷江支流杂谷河流域、大渡河流域上游和雅碧江流域及青海东南部（班玛）。

利用价值：西部地区的庭园绿化树种；木材可供建筑、土木工程、器具、家具及木纤维工业原料等用。树皮可提栲胶。

9 川西云杉（西康云杉）
Picea balfouriana Rehd et Wils

形态特征：常绿乔木，高40 m，径1 m，树皮深灰色，裂成不规则厚块，枝条平展，树冠塔形，小枝较粗短，密生粗柔毛，1年生枝黄色或淡黄褐色，小枝上面之叶近直上伸展或向前伸展，小枝下面及两侧之叶向两侧弯伸。叶棱状条形或扁四棱形，直或微弯，长0.6～1.5 cm，宽1.0～1.5 mm，先端尖或钝尖，叶辐射伸展，枝条下面及两侧的叶常向上弯伸，四棱状条形或扁四棱状条形。球果卵状矩圆形或圆柱形，成熟前种鳞红褐色或黑紫色，熟时褐色、淡红褐色、紫褐色或黑紫色。花期4—5月，球果9—10月成熟。

生长特性：喜气候凉爽的棕色森林土壤。

分布：青海玉树和果洛藏族自治州，生于3 300～4 300 m的高山谷地、沟溪河旁。

利用价值：优良的森林更新及荒山造林树种。木材可供建筑、桥梁、舟车、器具、细木加工及木纤维工业原料等用。

10 喜马拉雅云杉（西藏云杉）
Picea spinulosa (Griff) Henry.

形态特征：常绿乔木，高60 m，树皮粗糙，裂成近方形的鳞状裂片，小枝细长，下垂，一年生枝淡褐黄色，二年生枝灰色。叶辐射伸展，在小枝上面前覆叠排列，下面及两侧之叶排列成不规则两列，条形，两面有棱脊，先端微钝或微尖，上面有两条白粉带，每带有5~7条气孔线。球果矩圆状圆柱形或圆柱形，成熟前背面露出部分绿色，边缘紫色，成熟时褐色或深褐色。

生长特性：喜气候凉爽的棕色森林土壤。

分布：产于西藏南部（亚东、基隆等地）。海拔2900~3600 m。不丹、锡金、尼泊尔也有分布。

利用价值：可用作营造水源涵养林、用材林。木材可供建筑用。

11 沙地云杉
Picea mongolica (Lindl). Carr.

形态特征：常绿乔木，高达30 m，树冠呈灰蓝绿色，树皮鳞片状。当年生枝条为淡橙黄色，被密毛，二、三年生枝淡黄色或灰黄色。叶螺旋状排列，四棱状锥形。球果成熟前紫色，成熟后褐色；种子倒卵形，暗褐色。

生长特性：喜光，较耐阴，耐寒，耐干旱，耐瘠薄。

分布：产于我国内蒙古浑善达克沙地东部。目前仅存十几万亩，全部生长在内蒙古自治区。集中成片的也只有3万多亩，又都集中在内蒙古自治区克什克腾旗。这片沙地云杉最大树龄有500～600年，最小的树龄也有100年之久。

利用价值：沙地云杉是稀有珍贵树种，适宜沙荒地造林树种，可作建筑用材。

12 鱼鳞云杉
Picea jezoensis var. microsperma

形态特征：常绿乔木，树干高大圆满通直，高40 m，大枝平展，先端稍下垂，下部枝斜上，呈圆锥形树冠，或老时为圆柱形，树皮暗褐色，老时呈灰褐色，鳞状剥裂。球果呈圆柱形或长圆形，黑色，翅椭圆形，果期9—10月。

生长特性：阴性树种，浅根性，喜生于土层深厚、湿润、肥沃、排水良好的微酸性棕色森林土壤上，生长发育良好，不耐干旱、瘠薄、盐碱。干燥的瘠薄山地生长不良或不能生长。能耐低温严寒。

分布：分布于俄罗斯、日本以及中国内地的小兴安岭及松花江流域、东北大地等。

利用价值：材质优良，是良好的造纸、细木工、制造器具、航空、造纸、建筑用材，是东北林区的重要用材树种，又是城镇园林绿化的优良树种。

13 兰杉
Picea pungens

形态特征：常绿乔木，高9~15m，树形柱状或金字塔状。叶长2~3cm，叶蓝色或蓝绿色，花绿色、橙色或紫色。

生长特性：喜较凉爽气候、湿润、微酸性土壤、光照充足，耐旱和耐盐碱，忌高温和污染。

分布：原产北美洲。

利用价值：树形美观可作庭院绿化树种，木材可供建筑用材、家具等用。

14 红皮云杉
Picea koraiensis Nakai

形态特征：常绿乔木，小枝上有明显木钉状叶枕。一年生枝淡红褐色，无毛，或有较密的短柔毛。球果单生枝顶，下垂，卵状，圆柱形或圆柱短圆形，熟前绿色，后呈黄褐色或褐色。

分布：东北小兴安岭、长白山区，朝鲜、俄罗斯也有。

利用价值：可用作营造水源涵养林、用材林。木材作建筑用材、家具等用。

15 青杆
Picea wilsonii Mast.

形态特征：常绿乔木，树皮灰色或暗灰色，裂成不规则小块状脱落，小枝上有明显木钉状叶枕。一年生枝淡黄色或淡黄灰色，叶长0.8~1.5 cm，横切面菱形或扁菱形，四面各有气孔线4~6条。球果单生枝顶，下垂，卵状圆柱形。

分布：河北、陕西、山西、甘肃南部、湖北、四川北部。

利用价值：可用作营造水源涵养林、用材林。木材作建筑用材、家具等用。

16 白杆
Picea meyeri Rehd et Wils

形态特征：常绿乔木，树冠灰绿，树皮灰褐色，排成不规则薄片脱落，小枝有木钉状叶枕，有密毛或疏毛或近无毛，基部宿成牙鳞，尖端反曲或开展，一年生枝条黄褐色，叶螺旋状排列，在枝条下面两侧的叶向上弯生，长1.3~3.0 cm，粗1.2~1.8 cm，先端缓钝或钝，横切面菱形，四面有粉白色气孔线。雌雄同株，雄果单生叶腋下垂，雌球花单生侧枝顶端下垂，紫红色，球果矩圆状圆柱形，长6~9 cm。

分布：山西省五台山、管涔山，河北省灵武山、小五台山和内蒙古。

利用价值：可用作营造水源涵养林、用材林。木材作建筑用材、家具等用。

17 麦吊云杉
Picea brachytyla (Franch.) Pritz

形态特征：常绿乔木，树皮灰暗色，深裂成鳞状厚块片，固着树干上，一年生枝淡黄褐色，有毛或无毛，侧枝细而下垂。叶条形扁平，1.0~2.2 cm，上面每边有一条白色气孔线，下面无。球果下垂。

分布：湖北西部、陕西南部、四川北部、甘肃南部。

利用价值：可用作营造水源涵养林、用林材。木材作建筑用材、家具等用。

落叶松属 *Larix* Mill.

18 华北落叶松
***arix principis-rupprechtii* Mayr**

形态特征：落叶乔木，一年生小枝淡褐黄色或淡褐色。叶在长枝上螺旋状散生，而短枝上簇生，倒披针状条形，叶上有1~2条气孔带，下面沿中脉二侧有2~4条气孔带。球果长卵圆形，长2.0~3.5 cm，熟后褐色稍带黄。种鳞五角状，卵形，先端截形，波形或微凹。

分布：河北、山西。宁夏已引种成功。

利用价值：可营造水土保持、水源涵养、用材林，可用于园林绿化等。木材可供建筑、家具和造纸等用。

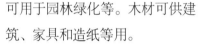

雪松属 *Cedrus* Trew

19 雪松（喜马拉雅松）
Cedrus deodara (Roxb.) G. Don

形态特征：常绿乔木，高达50～70 m，胸径达3 m，树冠圆锥形，树皮灰褐色，鳞片状裂，大枝不规则轮生、平展，一年生枝条淡黄色，有毛，短枝灰色。叶针状，灰绿色，长2.5～5.0 cm，各面有数条气孔线。球果椭圆状卵形，长7～12 cm，径5～9 cm，顶端圆钝，成熟时红褐色，种鳞阔扇状，倒三角形。花期10—11月，球果次年成熟。

分布：喜马拉雅山西部，自阿富汗至印度。海拔在1300～3300 m。中国1920年引种，在青岛、大连、西安、昆明、北京、郑州、上海生长良好。

利用价值：材质致密、坚实耐腐、不易翘裂，宜供制家具、造船、建筑、桥梁等用。

松属 *Pinus* Linn.

20 美国黄松（西黄松）
Pinus ponderosa Dougl. ex Laws.

形态特征：乔木，在原产地高达70 m，胸径4 m。一年生枝橙黄色。老枝近黑色。针叶通常3针一束或2、3针并存，稀有5针一束，暗绿色，硬，稀扭转，长12～28 cm，径1.5 mm左右。球果卵圆形，几乎无柄，成熟时开裂；鳞盾红褐色或淡红褐色，有光泽，沿横脊隆起，鳞脐有向后弯的粗刺。种子长6～10 mm，紫褐色，常具斑点；种翅长2.5～3.5 cm。

分布：美国西部、加拿大南部至北美地区分布最广的树种之一。我国辽宁、内蒙古、河北、河南、江苏等省（区）均有引种。

利用价值：木材供制家具、造船、建筑、桥梁等用。

21 五针松（日本五针松）
Pinus parviflora sleb.et Zucc

形态特征：常绿乔木，高达25 m，树皮暗灰色，灰褐色。叶5针一束，长3～6 cm，边缘具锯齿。球果卵圆形或卵状椭圆形，长4.0～7.5 cm，径3.5～4.5 cm。

分布：原产日本北海道、本州一带。我国长江流域各大城市均有引种，如杭州、嘉兴、宁波、温州、山东、青岛等地。

利用价值：建筑用材及以黑松为砧木嫁接后做盆景观赏树。

22 乔松
Pinus griffithii Mc Clelland

形态特征：常绿乔木，一年生枝绿色，微被白粉。针叶5针一束，细柔下垂，长10～20 cm。球果圆形，柱形，下垂。

分布：云南西北部，西藏东部及南部，缅甸、巴基斯坦、印度、尼泊尔、阿富汗也有。

利用价值：木材优良，建筑用材及园林绿化用。

23 油松
Pinus tabulaeformis Carr.

形态特征：常绿乔木，高25 m。叶2针一束，叶长6.5~15.0 cm，刚硬，缘具细锯齿。雌雄异株，球果无梗，卵圆形，4~9 cm。

生长特性：阳性树种，对土壤要求不严。

分布：辽宁、内蒙古、河北、河南、山西、山东、陕西、甘肃、青海、宁夏、湖北、四川等省（区）。

利用价值：北方地区及黄河流域的主要造林树种之一。营造水土保持、水源涵养、用材林，也可用于园林绿化等。木材优良，是优良的建筑用材。

24 白皮松
Pinus bungeana Zucc. ex Endl.

形态特征：常绿乔木，高30 m，常自基部分数干，树皮幼时灰绿色，片状剥落，内皮白色。叶3针一束，刚硬，长5~10 cm，具细锯齿，背腹两面均具气孔带。球果圆椭圆卵圆形，长5.0~7.5 cm。

生长特性：阳性树种，稍耐寒耐干旱。

分布：河北、河南、湖北、四川、陕西、甘肃、江苏等省。

利用价值：木材优良，建筑用材。树形优美，树皮颜色特别，可用作园林绿化。

25 华山松
Pinus armandii Franch

形态特征：常绿乔木，高35 m，树皮光滑而薄。叶5针一束，长8～15 cm，具细锯齿，鲜绿色。球果具梗，圆锥状长圆形，长10～20 cm，种鳞厚，顶端圆或急尖，有时稍弯曲。

分布：湖北、四川、西藏、云南、贵州、山西、河南、甘肃、陕西、宁夏等省（区）。

利用价值：木材纹理直，不易反翘开裂。适作建筑、家具、枕木及地下工程等用。秦岭、六盘山选用水土保持、水源涵养林造林树种及城市绿化树种。

26 红松
Pinus koraiensis Sieb. et Zucc

形态特征：常绿乔木。针叶5针一束，粗硬而直，长6~12 cm。球果大圆锥状长卵形或圆锥状矩圆形，长9~14 cm，种鳞先端向外反曲。

分布：黑龙江小兴安岭，吉林东部、北部，朝鲜、俄罗斯、日本也有。

利用价值：为国家濒危保护物种。木材是非常好的建筑材料，也可供桥梁、造船等用。成年树高大壮丽，在东北地区选为风景林树种。

27 赤松
Pinus densiflora Sieb. et Zucc.

形态特征：常绿乔木，树皮黄红色，鳞状脱落，一年生枝淡橘黄色或红黄色。针叶2针一束，长8～12 cm。球果圆锥状卵形，长3.0～3.5 cm。

分布：东北牡丹江流域至辽东半岛、山东东部、江苏北部，朝鲜、日本也有。

利用价值：木材优良，建筑用材。树形优美，树皮颜色特别，可用作园林绿化树种。

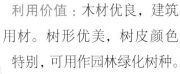

28 班克松
Pinus banksiana Lamb.

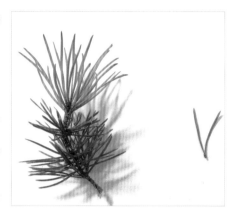

形态特征：常绿乔木，树皮黄褐色。针叶2针一束，长3～5 cm。

生长特性：喜光、抗寒、耐旱，适应性强、抗病虫害。能耐－50℃的低温。

分布：是美洲松树分布最北的一种。广泛分布于加拿大、美国和英格兰北部，我国主要在黑龙江、辽宁、吉林等省。

利用价值：可作为北方造林树种，也可用作庭院绿化树种。木材可作建筑材用。

29 樟子松

Pinus sylvestris L. var. *mongholica* Litv.

形态特征：常绿乔木，上部树皮枝条黄褐色裂成薄片脱落。针叶2针一束，硬直，稍扁，微扭曲，长4~9 cm。球果圆锥状卵形，鳞盾长菱形，肥厚隆起向后反曲，鳞脐凸起有短刺。

分布：黑龙江、内蒙古东部、大兴安岭，俄罗斯、蒙古也有。国家三级珍稀濒危保护植物。

利用价值：可用在北方沙荒干旱地区的造林树种。木材可作建筑材、家具等用。

30 欧洲赤松
Pinus sylvestris

形态特征：常绿乔木，树皮下部呈龟甲状深裂，上部红褐色，薄而光滑。针叶2针一束，粗硬，基部扭曲，长4~8 cm，边缘有细齿。球果果鳞的种脐具小尖刺，球果圆锥状卵圆形，径2.5~8.0 cm，具长柄，下弯。

分布：欧洲普遍分布。

利用价值：可作北方地区的造林树种。木材为建筑用材。树形优美，树皮颜色特别，可用作园林绿化树种。

31 黑松（白芽松）
Pinus thunbergii Parl

形态特征：常绿乔木，高30～35 m，树皮灰黑色，枝条开展，老枝略下垂，冬芽圆筒形，银白色。针叶2针1束，粗硬，长6～12 cm。雌球花1～3，顶生。球果卵形，鳞背稍厚，鳞脐微凹，有短刺。

分布：原产日本、朝鲜。我国山东沿海、辽东半岛，江苏、浙江、安徽等地有栽培。

利用价值：较耐盐碱，在沿海地区、河滩、山区均可营造防风林、沿海防护林、用材林。木材可作建筑、家具等用。又名白牙松有一定的观赏价值。

杉科 Taxodiaceae

杉木属 Cunninghamia R. Br

32 杉木
Cunninghamia lanceolata (lamb) Hook

形态特征：乔木，高达30 m，胸径可达2.5～3.0 m；幼树树冠尖塔形，大树树冠圆锥形，树皮灰褐色，裂成长条片脱落，大枝平展，小枝近对生或轮生，常呈二列状，幼枝绿色，光滑无毛。叶在主枝上辐射伸展，侧枝之叶基部扭转成二列状，披针形或条状披针形，通常微弯、呈镰状、革质、坚硬，边缘有细缺齿，先端渐尖，上面深绿色，有光泽，雄球花圆锥状，有短梗，通常40余个簇生枝顶。雌球花单生或2～3（4）个集生，绿色，球果卵圆形，熟时苞鳞革质，棕黄色，三角状卵形，先端有坚硬的刺状尖头，边缘有不规则的锯齿，向外反卷或不反卷；种子扁平。花期4月，球果10月下旬成熟。

分布：秦岭南坡、河南、安徽、长江流域以南均有分布。

利用价值：为中国长江流域、秦岭以南地区栽培最广、生长快、经济价值高的用材树种。木材可供建筑、桥梁、造船、矿柱，木桩、电杆、家具及木纤维工业原料等用。树皮、根皮（杉木根）、枝干结节（杉木节）、心材、枝叶（杉木、杉叶）、种子可入药。

水杉属 *Metasequoia* Miki ex Hu et Cheng

33 水杉
Metasequoia glyptostroboides Hu et Cheng

形态特征：落叶乔木，高33 m，径达2 m，大枝不规则轮生，小枝对生。单叶交互对生，常扭转成假二裂状排列，叶条形，中肋表面凹下，背面隆起，每条各具4~8条气孔线。花单生腋下或枝顶，总状和圆锥花序。球果下垂。

分布：四川、湖北等地，现各地广泛引种。

利用价值：为国家一级珍稀濒危保护植物。水杉木材文理直，质轻软易加工，适制桁条、门窗、楼板、家具及造船等用，也是良好的造纸用材。

柏科 Cupressaceae

侧柏属
Platycladus Spach（**Biota D. Don ex Endl.**）

34 侧柏
Platycladus orientalis（L.）Franco

形态特征：常绿乔木，高20余米，树皮薄，呈薄片状剥离。叶全为鳞片状，球花单生小枝顶端。球果卵形，长1.5~2.0 cm，成熟后开裂，红褐色；种子无翅。

分布：原产华北、东北，朝鲜也有分布。目前全国各地均有栽培。

利用价值：北方干旱地区的造林树种，可作庭院绿化、绿篱。木材可作建筑、家具等用。

35 千头柏（凤尾柏）

Platycladus orientalis（L.）Franco 'Sieboldii'

形态特征：常绿丛生灌木，无明显主干，高3～5 m，枝密生，树冠成紧密卵圆形或球形。种鳞有锐尖头，被极多白粉，是侧柏的栽培变种。

分布：中国、日本，久经栽培。

利用价值：长江流域、华北南部、西北地区均作园林绿化树种。

36 洒金柏
Platycladus orientalis (L.) Franco 'Aurea Nana'

形态特征：常绿短形紧密灌木，高3m，树冠近球形。叶全年呈金黄色，入冬略转金褐色，为侧柏的栽培变种。

分布：中国已久栽培。

利用价值：长江流域、华北南部普遍用作园林绿化树种，现西北普遍引入。

扁柏属 *Chamaecyparis* Spach

37 日本扁柏
Chamaecyparis obtusa (Sieb. et Zucc.)

形态特征：常绿乔木，高40 m，树冠尖塔形，树皮红褐色，裂成片状，生鳞叶的小枝背面有白线，微被白粉，鳞先端钝。球果0.8~1.0 cm，种鳞4种，顶部五边形或四方形。

分布：原产日本。适合生长在长江流域、北亚热带地区，目前我国青岛、南京、上海、广州、台湾、江西庐山、河南等地引种栽培。

利用价值：普遍用作园林绿化树种。

圆柏属 *Sabina* Mill.

38 桧柏（圆柏）
Sabina chinensis（linn）Ant.

形态特征：常绿乔木，树冠尖塔形或圆锥形，老树广卵形。叶2型，幼树或基部徒长的萌蘖枝上多为三角状钻形，3叶轮生，老树多为鳞形叶，对生，紧密贴于小枝上；亦有从小一直全为钻形叶的植株。花雌雄异株，雄球花秋季形成，次年开放，花黄色；雌球花形小，球果次年成熟，浆果状不开裂，外被白粉。

生长特性：喜光树种，喜温凉、温暖气候及湿润土壤。

分布：分布甚广，产于内蒙古乌拉山、河北、山西、山东、江苏、浙江、福建、安徽、江西、河南、陕西南部、甘肃南部、四川、湖北西部、湖南、贵州、广东、广西北部及云南等地。西藏也有栽培。朝鲜、日本也有分布。

利用价值：木材可用于铅笔、家具、建筑材料等。庭院绿化优良树种。

39 龙柏（刺柏）
Sabina chinensis Kaizuca Cheng W. T. Wang

　　形态特征：是圆柏（桧树）的人工栽培变种，高可达8m，树干挺直，树形呈狭圆柱形，小枝扭曲上伸，小枝密集。叶密生，全为鳞叶，幼叶淡黄绿色，老后为翠绿色。球果蓝绿色，果面略具白粉。

　　生长特性：喜阳，稍耐阴。生于中性土、钙质土及微酸性土上，喜温暖、湿润环境，抗寒，抗干旱，忌积水，排水不良时易产生落叶或生长不良。适生于干燥、肥沃、深厚的土壤，对土壤酸碱度适应性强，较耐盐碱。对氧化硫和氯抗性强，但对烟尘的抗性较差。

　　分布：龙柏产于中国内蒙古乌拉山、河北、山西、山东、江苏、浙江、福建、安徽、江西、河南、陕西南部、甘肃南部、四川、湖北西部、湖南、贵州、广东、广西北部及云南等地，西藏也有栽培。朝鲜、日本也有分布。

　　利用价值：常用于园林绿化，如街道、小区、公路绿化等。

40 爬地柏
Sabina procumbens (Endl.) Iwata et Kusaka

形态特征：常绿灌木，高30 cm，基部枝条常匍匐。针叶对生或轮生，条状披针形，3～5 mm，鳞叶紧密对生，卵形，卵状披针形，1.5～3.0 mm，背面有腺体，卵状披针形。球果单生于小枝顶端，倒卵状果形。

生长特性：耐高寒，耐干旱。

分布：甘肃、青海、陕西、宁夏、内蒙古、新疆等省（区）。

利用价值：沙地护沙卫士，可用于营造水土保持林，也是庭院绿化树种。

41 祁连圆柏（柴达木圆柏）
sabina przewalskii Kom.

形态特征：常绿乔木，高10~20 m，树干直或扭曲，树皮灰或灰褐色，条片状纵裂，幼树常刺叶，壮龄树鳞，刺叶兼有。大树几全为鳞叶，刺叶三枚交互轮生，三角状披针形。球果卵形，近球形，熟后蓝褐色或蓝黑色，有白粉。

生长特性：耐高寒，耐干旱。

分布：主要分布在青海省。是我国特有种，为国家濒危保护物种。

利用价值：干旱山区造林树种，营造水土保持林。木材作建筑、家具等用。

42 香柏（美国侧柏，美国金钟柏）
Thujs occidentalis L.

形态特征：常绿乔木，高20 m，径1 m。叶鳞形对生，枝广展，斜展或下垂，老树枝鳞片有芳香，主枝上的叶有腺体，侧枝无或小。

生长特性：阳性树种，有一定耐阴性，不耐寒，能在潮湿的碱性土上生长。

分布：原产北美，我国温带草原区、温带荒漠区均有栽培。

利用价值：园林绿化、观赏树种。叶可作香料。

翠柏属 *Calocedrus* Kurz

43 翠柏
Calocdrus macrolepis Kurz

形态特征：常绿乔木。叶鳞片状，两对交互交生，而呈节状，两侧叶披针形，中部叶顶端钝尖，叶背面深绿色，表面白色气孔点。球果当年成熟，长椭圆状圆柱形；种鳞3对分布，扁平，仅中间一对各有2粒种子，种子有一大一小膜翅。亚热带树种。

分布：云南、贵州、广西、广东、海南岛等地。

利用价值：园林绿化、观赏树种。

刺柏属 *Juniperus* Linn.

44 刺柏
Juniperus formosana Hayata

形态特征：常绿小乔木，常分数干，树皮常成条状剥落，小枝下垂。叶针状，具刺尖，长12~25 mm，上面具二条白色气孔带，背面具隆脊。球果几圆形或广卵圆形，长6~8 mm，带红色或橙褐色。

分布：山西、江苏、浙江、河南、安徽、江西、四川、湖北、湖南、广东、云南、贵州、西藏、台湾等省（区）。

利用价值：园林绿化，观赏树种。木材供建筑、家具等用。

45 杜松
Juniperus rigida S. et Z.

形态特征：常绿小乔木，高15 m，树皮深纵裂。叶针形，三针轮生，先端具刺尖，长10～25 mm，表面沟槽具一白色气孔带，背面纵脊。球果几圆形，径6～9 mm，种鳞顶端常具突尖。

分布：黑龙江、吉林、辽宁、内蒙古、河北、山西、陕西、甘肃、宁夏等省（区）。

利用价值：国家一级珍稀濒危保护植物。可用作园林绿化、观赏树种。木材可用于建筑、家具等。

柏木属 *Cupressus* Linn.

46 | 岷江柏木
Cupressus chengianas Y. Hu

形态特征：常绿乔木，高30m。鳞叶斜方形，交叉对生，排成整齐四列。成熟球果近球形或略长1.2～2.0cm。

分布：原产岷江流域、大渡河及甘肃白龙江流域高山峡谷中。

利用价值：水土保持、水源涵养林及城市绿化树种。木材供建筑、家具等用。为国家二级保护植物。

罗汉松科 Podocarpaceae
罗汉松属 Podocarpus L. Her. ex Persoon

47 **罗汉松**
Podocarpus macrophyllus (Thunb.) D. Don

形态特征：常绿乔木，高20 m，径60 cm，树皮灰色、灰褐色，淡纵裂。叶线状，披针形，微曲，长7~13 cm，宽0.7~1.0 cm，中脉隆起。雌球花单生叶腋。

分布：广东、广西、江苏、浙江、福建、安徽、四川均有栽培。

利用价值：材质致密，富含油质，能耐水湿不易受虫害，可供制水桶、建筑及海、河土木工程等用。

48 竹柏
Podocarpus nagi (Thunb) Zoll.et Mor ex Zoll.

　　形态特征：常绿乔木，高20 m，树冠锥形，树皮近平滑，红褐色，枝开展有棱。叶对生，革质，形状与大小很似竹叶，叶长3.5～9.0 cm，宽1.5～2.5 cm，无明显中脉。种子球形，径1.4 cm，熟时紫黑色外被白粉，木质。

　　分布：浙江、福建、江西、四川、广东、广西、湖南等省（区）。

　　利用价值：城市园林绿化及行道树优良树种。材质优良、纹理直，不裂、不翘变，可供建筑、家具、乐器、雕刻等用。

三尖杉科 Cephalotaxaceae
三尖杉属 *Cephalotaxus* Sieb.et Zucc.ex Endl.

49 ## 粗榧
Cephalotaxus sinensis (Rehd. et Wils.) Li

形态特征：常绿灌木或小乔木，高12 m。叶条状披针形，端逐尖，长2~5 cm，上面光亮，背面粉绿色，具2白气孔，带边缘反卷。种子卵形至卵圆。

分布：湖南、湖北、河南、陕西、甘肃、江苏、浙江、云南、贵州、广东、广西等省（区）。

利用价值：种子可榨油，供外科医生治疮疾用，叶、枝、种子及根可提取多种植物碱，对治疗白血病有一定疗效。木材结实，可作工艺品。

红豆杉科 Taxaceae
红豆杉属 *Taxeae* Linn.

50 红豆杉
Taxus chinensis (Pilger) Rehd.

形态特征：常绿乔木，高30 m。叶螺旋状互生，基部扭转成二列，条形，微弯曲，长1.0~2.5 cm，叶缘微反曲，叶背有2条黄绿色气孔带。雌雄异株，果红色。

分布：甘肃、陕西南部，湖北西部、四川等地。为国家一级濒危保护植物。

利用价值：庭院绿化树种，种子可入药。

51 东北红豆杉（紫杉）
Taxus cuspidata S. et Z.

形态特征：常绿乔木，小枝互生。叶螺旋状着生，呈不规则二列，与小枝成45°角，条形，通常直，1.5～2.5（3.5）cm，基部窄，有短柄，先端急尖，中脉隆起，下面有2条较边宽2倍的气孔带。雌雄异株，果实成熟时紫红色，顶有小突尖。

分布：黑龙江东南部、吉林、辽宁东部，朝鲜、俄罗斯、日本也有。

利用价值：庭院绿化树种，种子可入药。

52 曼地亚红豆杉
Taxus x madia Rehder.

形态特征： 常绿乔木，是红豆杉的一个杂交品种，母本为东北红豆杉，父本为欧洲红豆杉。

生长特性： 主根不发达，侧根发达，生长较快，结果早，对环境适应性强，较耐寒。

分布： 原产于北美（美国、加拿大）。中国、印度、阿根廷、韩国等均有引种栽培。

利用价值： 紫杉醇含量高，可入药。在净化空气、美化环境有发展前景。

麻黄科 Ephedraceae

麻黄属 Ephedra Tourn ex Linn

53 斑子麻黄

Ephedra Lepidosperma C.Y.Cheng

形态特征：矮小灌木，近垫状，高5～15 cm，稀20～30 cm，根与茎高度木质化，具短硬多瘤节的木质枝，节粗厚结状，绿色小枝细短，在节上密集、假轮生呈辐射状排列，节间细短，长1.0～1.5 cm，径约1 mm，纵槽纹浅或较明显。叶膜质鞘状，极细小，长约1 mm。雄球花在节上对生，无梗，雄花的假花被倒卵圆形，雄蕊5～8，花丝全部合生；雌球花单生。种子通常2粒，约1/3外露，黄棕色，椭圆状卵圆形、卵圆形或矩圆状卵圆形，长4～6 mm，径约3 mm，背部中央及两侧边缘有整齐明显突起的纵肋，肋间及腹面均有横列碎片状细密突起。

生长特性：极耐干旱、寒冷、瘠薄，为旱生性极强的常绿茎植物。

分布：中国特有种。分布于宁夏与阿拉善盟交界的贺兰山及相邻腾格里沙漠的剥蚀石质低山，向西南，少量地见于甘肃靖远县的宝积山。

利用价值：斑子麻黄为贺兰山山麓特有种，是一种低等的饲用植物，也是野生蜜源植物。植株含少量麻黄碱，可作药用。还是四季常绿的园林绿化植物。

被子植物

Angiospermae

双子叶植物

杨柳科 Salicaceae

杨属 *Populus* Linn.

1 ### 毛白杨
Populus tomentosa Carr.

形态特征：落叶乔木，高达30 m，径达2 m，被灰绒毛。幼树叶三角状卵形，长达15 cm，先端渐尖，先基部近心形，或略呈圆形，具2~4腺，缘具复锯齿，叶柄圆筒形。雄花序长11~17 cm，雌花序7~11 cm。蒴果长卵形，细尖，2瓣开裂。

分布：河北以南，秦岭以北，浙江以西，甘肃以东为中心，即黄河中下游。

利用价值：为速生丰产林主要树种，木材可用于造纸、造船、建筑等。

2 小叶杨
Populus simonii Carr.

形态特征：落叶乔木，高达20 m，树皮灰褐色，粗糙具沟裂。叶菱状卵形或鞭状椭圆形，长5.5～7.5 cm，先端渐尖，边缘具细钝锯齿，叶柄带红色。果序长达15 cm，蒴果狭圆卵形。

分布：我国东北、华北、华中，西北。

利用价值：黄土高原及引黄灌区水土保持和农田防护林的主要造林及用材树种。木材可用于造纸、造船、建筑等。

3 小青杨
Populus pseudo-simonii **Kitag.**

形态特征：落叶乔木，高15~20 m，树皮灰白色，具浅沟裂，小枝圆柱形，具棱。叶菱状卵形，卵状披针形，长4~9 cm，宽3~5 cm，先端短渐尖，叶缘具细密锯齿。蒴果椭圆形。

分布：我国东北及山西、陕西、甘肃、青海、宁夏、四川等省（区）。

利用价值：黄土高原及引黄灌区水土保持和农田防护林的主要造林树种。木材可用于造纸、造船、建筑等。

4 河北杨

Populus gopeiensis Hu et Chow

形态特征：落叶乔木，高达30 m，树皮白色，光滑。叶卵形近圆形，长3~8 cm，宽3~7 cm，先端急尖或钝尖，基部截形、圆形或广楔形，边缘具3~7个内弯的波状齿，表面灰白色，初时脉上疏生柔毛。花期4月，果期5—6月，蒴果。

分布：我国华北、陕西、甘肃、青海、宁夏等省（区）。

利用价值：黄土高原水土保持和城市绿化树种。木材可用于造纸、造船、建筑等。

5 胡杨
Populus euphratica Oliv

形态特征：落叶乔木，基部条裂。叶形多变化，在长枝或幼树上叶披针形或线状披针形，长5～12 cm，全缘或具1～3个粗锯齿，叶柄顶端两侧有2个腺体，短枝或老枝上的叶宽卵形或椭圆形。蒴果长卵圆形。

分布：我国东北、华北、华中、西北、西南各省（区），宁夏黄河流域均有栽培。

利用价值：胡杨是荒漠地区特有的珍贵森林资源。还是优良的行道树、庭园树种。木材供建筑、桥梁、农具、家具等用。

6 新疆扬
Populus bolleana Lauche.

形态特征：落叶乔木，高30 m，树皮灰绿色，光滑，小枝灰绿被绒毛，后脱落。短枝上叶小，3.5~4.5 cm，先端尖，基部近截形，微心形，长枝的叶大，长8~15 cm，具3~5浅裂，形如掌状。

分布：主产新疆，西北各省（区）均有引种栽培。

利用价值：园林绿化树种。木材可用于造纸、造船、建筑等。

7 红叶杨
Populus deltoids 'Zhonghua Hongye'

形态特征：红叶杨是一个彩色新品种，树种又称变叶杨。红叶杨为落叶乔木，叶片大而厚，叶面颜色三季四变，展叶后呈玫瑰红色至6月下旬，7—9月变为紫绿色，10月为暗绿色，11月变为杏黄或金黄色。树干7月前为紫红色，叶柄叶脉和新枝为红色。

利用价值：两用树种，不但有极高的观赏价值，而且是速生用材树种。木材可用于造纸、造船、建筑等。

柳属 *Salix* Linn.

8 旱柳
Salix matsudanna Koidz

形态特征：落叶乔木，高18 m，树冠卵形至倒卵形。树皮灰黑色，纵裂。叶披针形至狭披针形，长5～10 cm，先端长渐尖，基部楔形，边缘具细腺锯齿，叶背灰绿色，仅沿主脉有疏细柔毛。蒴果，2瓣裂。

分布：我国东北、华北、西北及山东、江苏、安徽、四川、宁夏等省（区）。

利用价值：园林绿化树种。木材可用于造纸、造船、建筑等。

9 龙爪柳
Salix matsudanna var.tortuosa (Vilm.) Rehd.

形态特征：是旱柳的变种。落叶灌木或小乔木，株高可达3 m，小枝绿色或绿褐色，不规则扭曲。叶互生，线状披针形，细锯齿缘，叶背粉绿，全叶呈波状弯曲。单性异株，柔荑花序，蒴果。

分布：同正种旱柳

利用价值：我国各地多栽于庭院做绿化树种。

10 垂柳
Salix babylonica L.

形态特征：落叶乔木，高10 m，枝条细，下垂，小枝褐色。叶狭披针形，至线状披针形，长8~10 cm，先端渐尖或长渐尖，边缘具细锯齿。蒴果，2瓣开裂。

分布：我国各地普遍有栽培，宁夏也有。

利用价值：多为行道树，庭院绿化树种。木材可用于造纸、造船、建筑等。

11 乌柳
Salix cheilophila Schneid.

形态特征：落叶灌木或小乔木，高1.5~6.0m，枝条细，下垂枝灰褐色，幼时被柔毛。叶线形或线状侧披针形，长2~5 cm，先端渐尖或具硬尖，基部渐狭，边缘反卷，中上部有细腺锯齿，表面绿，被柔毛，背面灰白色，密被伏贴的长柔毛。蒴果黄色，2瓣开裂。

分布：我国华北、西北及河南、陕西、甘肃、青海、宁夏、四川、云南等省（区）。

12 北沙柳
Salix psammophyla C.Wang et C.Y.Yang

形态特征：落叶灌木，高2~4 m，树皮灰色、浅灰色，黄褐色，小枝叶长达12 cm，先端渐尖，边缘有稀疏腺齿，上面绿色，下面苍白色，幼时微具柔毛。托叶条形，常早落，花先叶开放。蒴果5.8 mm，被柔毛。

分布：我国陕西北部、宁夏东部、内蒙古等省（区）。

利用价值：良好的固沙植物，枝条可用于造纸、编筐、篮等。

13 黄花儿柳
Salix caprea L.

形态特征：灌木或乔木，高达9 m，小枝绿黄色，幼树黄绿色。芽卵状椭圆形，淡黄色。叶椭圆形，长椭圆形或倒卵形，长6~14 cm，宽3~6 cm，边缘具不规则锯齿或全缘。雄花序长1.5~2.5 cm，花序轴密被黄褐色长柔毛，雌花序长4~6 cm，花序轴被柔毛。蒴果被短柔毛。

分布：宁夏六盘山、贺兰山，生于林缘、山坡上，我国东北及河北、山西、河南、陕西、甘肃等省。

利用价值：高海拔地区沟谷、山坡的混生树种，也可用于环境绿化。木材可用于制纸浆和家具、农具、建筑等。

杨梅科 Myricaceae
杨梅属 *Myrica* Linn.

14 杨梅
Myrica rubra (Lour.) S. et Zucc.

形态特征：常绿乔木，高12m，幼枝及叶背有黄色小油腺点。叶倒卵披针形，长4~12cm，全缘，近端处有浅齿。雌雄异株，核果球形，深红色。

分布：长江以南，浙江最多，日本、朝鲜、菲律宾也有分布。

利用价值：果味酸甜适中，既可生食，又可加工成杨梅干、酱、蜜饯等。还可酿酒。果实亦可入药，有止渴、生津、助消化等功效。

胡桃科 Juglandaceae
胡桃属 *Juglans* L.

15 美国黑核桃
Juglans nigra L.

形态特征：落叶乔木，高40 m。奇数羽状复叶，小叶9~10对，小叶尖，卵形或披针形，长5~10 cm。雌雄同株，异花，在一年生顶端结果，并以树冠外围结果为主。核果球形，果核近球形，3~4 cm。

分布：2000年引入我国，在河南、山东、河北、青海、甘肃、陕西、宁夏、内蒙古、辽宁、黑龙江、浙江、江苏等20余省（区）生长良好。

利用价值：经济价值较高的材果兼用优树种，是农田防护林、平原绿化的主栽树种。木材是优良的胶合板材，可用于家具、工艺雕刻、建筑装饰等。坚果的核仁可生食、烤食，广泛用于冰淇淋、糖果的配料。

16 胡桃（核桃）
Juglans regia L.

  形态特征：落叶乔木，高30 m。奇数羽状复叶，小叶5～9对，椭圆形、倒卵形，长6～12 cm，叶背仅脉腋具簇毛，全缘。果实几乎圆形，光滑，绿色。

  分布：河北、山东、山西、河南、浙江、江苏、安徽、湖北、四川、陕西、甘肃、青海、新疆等省（区）。

  利用价值：胡桃是园林结合生产的好树种。胡桃仁含多种维生素、蛋白质和脂肪，是营养丰富的滋补强壮剂，糕点、糖果等原料。木材纹理美、有光泽、不翘不裂是航空器材及优良家具用材。树皮、叶及果皮含单宁，可制活性炭。

山核桃属 Carya Nutt.

17 **核桃楸**
Juglans mandshurica Maxim

形态特征：落叶乔木，高20m。奇数羽状复叶，小叶9~17对，卵状长圆形，先端急尖或短渐尖，叶背脉上和叶轴密被腺状短毛。核果卵形或近圆形，核尖锐，具8棱，棱间具波折状脊。

分布：黑龙江、吉林、辽宁、河北、山西、陕西等省。

利用价值：东北地区优良主要用材树种。种仁可食或榨油，重要滋补中药。北方常作嫁接胡桃的砧木。

枫杨属 *Pterocarya* Kunth.

18 枫杨
Pterocarya stenoptera C. DC

形态特征：落叶乔木，高30 m。奇数羽状复叶，叶轴常具翅，小叶5~23对，卵状长圆形或狭长圆形，叶面常被乳头状突起，叶面被疏柔毛，叶背脉上被短柔毛，缘具细锯齿。果序下垂，果实两边具翅，坚果边翅长1.5~2.0 cm。

分布：辽宁、山东、浙江、江苏、安徽、四川、云南、广东、广西、河南、湖北、陕西、甘肃等省（区）。

利用价值：木材松软，不易翘裂，可以制作箱板、家具、农具、火柴杆等，树皮含有纤维，可制作绳索。叶有毒，可作农药杀虫剂；可作嫁接胡桃的砧木。

桦木科 Betulaceae

桦木属 *Betula* Linn.

19 白桦
Betula platyphylla Suk

形态特征：落叶乔木，高可达25 m。有白色光滑像纸一样的树皮，可分层剥下来，用铅笔还可以在剥下薄薄的树皮上面写字。白桦的叶为单叶互生，叶边缘有锯齿。花为单性花，雌雄同株，雄花序柔软下垂，先花后叶。翅果，扁平且很小。

分布：我国东北、华北、西北、陕西、河南、甘肃、宁夏、四川、云南等省（区）。

利用价值：白桦是东北林区的主要阔叶树种之一。木材黄白色，纹理直，结构细，不耐腐，供制胶合板、矿柱、造纸、火柴杆及建筑等用。树皮可提取桦油，可作化妆品香料。

20 糙皮桦
Betula utils D.Don.

形态特征：落叶乔木，高20 m，树皮暗红褐色，厚纸状层状剥落，幼枝密被黄色或红褐色树脂状腺体及短柔毛，后渐脱落。无毛叶宽卵形，至矩圆形，先端尖，基部圆形至心形，偏斜，边缘具不规则重锯齿，上面无毛，下面脉腋具黄色短须毛，两面具腺点。小实果卵形，果翅宽为坚果的一半或近等宽。

分布：河北、陕西、甘肃、青海、宁夏、四川、云南、西藏等省（区）。

利用价值：供制胶合板、矿柱、造纸、火柴杆及建筑等用。

鹅耳枥属 *Carpinus* L.

21 鹅耳枥
Carpinus turczaninowii Hance

形态特征：落叶乔木，高10 m。树皮深褐色，浅裂。叶卵形，卵状长椭圆形，长3~6 cm，先端渐尖，边缘不规则重锯齿，侧脉13~15对。果序长3~4 cm，苞片近半卵形，长1.5 cm，宽7 mm，先端急尖。果序下垂，长6~20 mm，坚果卵形。花期4—5月。果期8—9月

分布：东北、华北、华东、陕西、宁夏、四川、湖北等省（区）。

利用价值：叶形优美，果穗奇特，园林绿化树种。木材坚硬致密，可供家具、农具、建筑等用。

虎榛子属 *Ostryopsis* Decne

22 虎榛子
Ostryopsis davidiana (Baill) Decaisne.

形态特征：灌木，高1~3 m，树皮浅灰色；枝条灰褐色，无毛，密生皮孔；小枝褐色，具条棱，疏生皮孔。叶卵形或椭圆状卵形，长2.0~6.5 cm，宽1.5~5.0 cm，顶端渐尖或锐尖，基部心形、斜心形或几圆形，边缘具重锯齿，中部以上具浅裂；叶柄长3~12 mm，密被短柔毛。果4枚至多枚排呈总状，下垂，

着生于当年生小枝顶端；果梗短（有时不明显），绿色带紫红色，成熟后一侧开裂，顶端4浅裂。小坚果宽卵圆形或几球形，褐色，有光泽，疏被短柔毛，具细肋。

分布：产于辽宁西部、内蒙古、河北、山西、陕西、甘肃及四川北部。常见于海拔800~2400 m的山坡，为黄土高原的优势灌木，也见于杂木林及油松林下。

利用价值：树皮及叶含鞣质，可提取栲胶；种子含油，供食用和制肥皂；枝条可编农具，经久耐用。

榛属 *Corylus* L.

23 榛子
Corylus heterophylla Fisch.

形态特征：落叶灌木，高1～2m，树皮灰褐色，当年枝绿褐色，老枝灰黄白色，被褐色腺毛。叶宽倒卵形或近圆形，长4～15cm，有聚尖头和数对浅裂齿，边缘重锯齿，叶柄被柔毛和腺毛。坚果1～6个簇生，扁球形，总苞钟状或叶状。

分布：我国东北、华北及陕西、甘肃、宁夏、浙江、湖北、四川、云南、贵州等省（区）。

利用价值：为北方山区绿化及水土保持的重要树种。种子供食用、榨油及药用。木材坚硬致密，供手杖、伞柄、农具等用。

壳斗科 Fagaceae

栎属 *Quercus* L

24 夏橡
Quercus robur L.

形态特征：落叶乔木，枝叶稍密。叶倒卵圆形，先端圆，边缘波浪形。坚果圆柱形，长1.5~3.2 cm，粗1.2~1.5 cm。

分布：新疆北疆各城市有栽培。

利用价值：最宜做庭院遮阴树种。城市园林绿化行道树等。木材可供建筑、农具、家具等用。

25 栓皮栎
Quercus variabilis BL

形态特征：落叶乔木，高25 m，树皮深灰色，深纵裂，栓皮层极厚。叶长圆形，长圆状披针形，长8~17 cm，缘具刚毛状锯齿。坚果，几乎圆形或圆卵形。

分布：辽宁、河北、山东、山西、河南、甘肃、陕西、江苏、浙江、四川、广东、广西等省（区）。

利用价值：木材坚韧耐磨，纹理直，耐水湿，是重要用材，可供建筑、车、船、家具、枕木等用。栓皮绝缘、隔热、隔音，可作瓶塞原料。干枝是培植木耳、银耳、香菇的好材料。

26 辽东栎
Quercus liaotungensis **Koidz.**

形态特征：落叶乔木，高5～15 m。叶倒卵形至椭圆状倒卵形，长5～17 cm，先端圆钝，边缘有5～7对波状圆齿，壳斗浅杯形包围坚果1/3。坚果卵形或长卵形，长1.7～1.9 cm。

分布：黄河流域各地，西到甘肃、青海、四川和东北东部及南部。

利用价值：是北方主要造林树种之一。木材坚硬耐腐，供建筑、农具等用。叶可饲养柞蚕。

27 刺叶栎（铁橡树）
Quercus spinosa David.ex Fr.

形态特征：常绿灌木或小乔木，高达10 m，小枝初密被短柔毛。叶长圆形或倒卵状长圆形，长2～3 cm，先端常圆，基部近心形，上面深绿光滑，呈泡状隆起，下面淡绿，倒脉隆起，缘具尖刺状锯齿或全缘，柄长1～2 mm。雌花着生新枝，叶腋1～2花成一穗。坚果栗褐色椭圆形或卵圆形。

分布：陕西、甘肃、湖北、四川、云南等省。

利用价值：木材坚硬，可供家具、农具、建筑等用。可作城市、庭园绿化树种。

榆科 Ulmaceae

榆属 *Ulmus* L.

28 榆树（白榆、家榆）
Ulmus pumila Linn.

　　形态特征：落叶乔木，高15 m，树皮暗灰色，纵裂而粗糙。叶倒卵形，椭圆形至椭圆，披针形，长2~7 cm，顶端锐尖或渐尖，边缘具单锯齿。花簇生，翅果倒卵形或近圆形，顶端有缺口。

　　分布：东北、华北、西北及长江流域各省。

　　利用价值：较耐旱，适应性强，北方普遍种植的树种。木材纹理直，结构较粗，但很坚韧，可供家具、农具、车辆、建筑等用。

29 春榆

Ulmus davidiana Planch. var. *japonica*（Rehd.）Nakai

形态特征：落叶乔木，高30 m，小枝常具栓质翅。叶倒卵形，长3～9 cm，顶端渐尖，边缘具重锯齿，上面具短硬毛，粗糙。花排成簇生聚伞花序，呈簇生状。翅果倒卵形，除顶端缺口柱头，被毛外，余处无毛；种子位于中上部，接近缺口。

分布：黑龙江、辽宁、吉林、河北、山东、山西、河南、湖北、陕西、甘肃、青海、宁夏等省（区）。

利用价值：抗风、抗病虫力强，耐轻度盐碱。为山区主要造林树种之一。木材可作建筑、农具、家具等用。

30 灰榆
Ulmus glaucescens Franch.

生长特性：落叶小乔木，高5 m，小枝具柔毛。叶卵形或菱状卵形，长2~5 cm，顶端长尖，基部楔形不对称，叶缘单锯齿。翅果常对生于当年生基部，倒卵圆形，顶端微凹。

分布：河北、内蒙古、山东、山西、陕西、河南、甘肃、宁夏等省（区）。

利用价值：为干旱地区造林树种之一。木材坚硬耐用，可供农具、家具、建筑等用。

31 裂叶榆
Ulmus laciniata (Trautv) Mayr.

形态特征：落叶乔木。叶倒卵形，长7~8 cm，先端3~5裂，边缘有重锯齿，侧脉10~17对，上面被短硬毛，粗糙，下面被柔毛。花在叶腋聚成簇生。翅果椭圆形，长1.5~2.0 cm。

分布：东北、河北、山西。俄罗斯、朝鲜、日本也有分布。

利用价值：树叶有极高的观赏价值。也是城市园林绿化的优良树种。木材纹理直，结构略粗。可供建筑、家具、农具、车辆等用。树皮纤维可代麻，可织麻袋、制绳等。

32 大叶榆（新疆大叶榆、欧洲白榆）
Umus laevis Pall. Fl. ROSS

形态特征：落叶乔木，高25～35 m，树皮较光滑，条纹纵裂。叶互生，卵形，倒卵形或椭圆形，先端急尖，叶长5～16 cm，叶缘具锐锯齿，叶基偏斜形。翅果，簇状下垂。

分布：欧洲及中国内地北京、新疆、东北、安徽、江苏、山东等地。

利用价值：有极高的观赏价值，树冠大可作遮阴树，城市园林绿化树种。材质坚硬，可作建筑、农具、家具等用材。

33 垂榆（倒榆）
Ulmus pamila Linn.var pendula Reid.

形态特征：落叶灌木或小乔木，1.5~3.0 m。单叶互生，椭圆状卵形或椭圆状窄披针。长2~9 cm，基部偏斜，枝条柔软下垂，树冠丰满，先花叶开放。翅果近圆形。

分布：华北、西北各省区均有栽培。

利用价值：是以家榆作砧木，经人工嫁接的园艺品种。形态特异观赏甚宜，是优良的绿化树种，广泛用于城市街道、小区、庭院、公园厅堂馆所的绿化，西北普遍栽植。

34 金叶榆
***Ulmus pamila* L. 'Jijye'**

形态特征：落叶乔木，25 m，树皮褐灰色。单叶互生，叶片卵状长椭圆形，金黄色，先端尖，基部稍歪，边缘有不规则单锯齿，叶腋下排成簇状花序。翅果近圆形，种子位于翅果中部。花期3—4月，果期4—9月。

分布：2004年河北林业科学院栽培成功。在河南遂平、安阳、鄢陵均有栽培

利用价值：城市园林绿化树种，用于风景林、绿篱、色带拼图造型等。

榉属 *Zelkova* Spach, nom. gen. con.

35 榉树
Zelkova schneideriana Hand.-Mazza.

形态特征：落叶乔木，高30 m，胸径达100 cm。树皮灰白色或褐灰色，呈不规则的片状剥落。叶薄纸质至厚纸质，大小形状变异很大，卵形、椭圆形或卵状披针形，长2~9 cm，宽1.4 cm，先端渐尖或尾状渐尖，基部有稍偏斜，稀圆形或浅心形，边缘有圆齿状锯齿。锯齿整齐，表面粗糙，背面有柔毛。坚果直径2.5~4.0 mm，上面中脉凹下被毛，下面无毛。

分布：中国、日本、朝鲜。我国淮河及秦岭以南，长江中下游至华南西南各省（区）。

利用价值：树形雄伟，具观赏价值。也是很好的建筑用材。

朴属 *Celtis* L.

36 小叶朴
Celtis bungeana BL.

形态特征：落叶乔木，高15 m。叶狭卵形，长圆形，卵形，顶端渐尖，基部楔形，稍偏斜，边缘中部以下有浅锯齿或全缘。核果单生，球形直径6～8 cm，成熟时紫黑色，果梗长10～25 cm。

分布：内蒙古、辽宁、河北、湖南、河南、山西、四川、云南、陕西、甘肃、宁夏等省（区）。

利用价值：木材白色，纹理直，结构中等，供家具、农具等用。根皮入药，可治老年慢性气管炎等症。

桑科 Moraceae
桑属 *Morus* Linn.

37 鸡桑
Mrous australis Poir

形态特征：灌木或小乔木，树皮灰褐色，冬芽大，圆锥状卵圆形。叶卵形，长5～14 cm，宽3.5～12.0 cm，先端急尖或尾状，基部楔形或心形，表面粗糙，背面有毛，边缘具粗锯齿，不分裂或3～5裂；叶柄长1.0～1.5 cm。雄花序长1.0～1.5 cm，雄花绿色，具短梗，花药黄色；雌花序球形，暗绿色。聚花果短椭圆形，成熟时红色或暗紫色。花期3—4月，果期4—5月。

分布：产辽宁、河北、陕西、甘肃、山东、安徽、浙江、江西、福建、台湾、河南、湖北、湖南、广东、广西、四川、贵州、云南、西藏等省（区），朝鲜、日本、斯里兰卡、不丹、尼泊尔及印度也有分布。

利用价值：城市园林绿化树种。茎皮纤维可制优质纸和人造棉。果可生食、酿酒、制醋。叶亦可饲蚕。

38 桑
Mrous alba Linn.

形态特征：落叶乔木，高15 m，树皮浅灰褐色。叶卵形或长卵形，长7～12 cm，先端尖具长尾尖，边缘具粗钝齿，幼树上叶有时分裂。聚花果长1～2 cm，白色或紫褐色。

分布：原产我国中部和北部，但以长江流域和黄河流域中下游最多。朝鲜、蒙古、日本、俄罗斯、欧洲、北美均有栽培。

利用价值：主要营造桑园，供采叶饲养蚕。木材黄色、坚硬、有弹性、耐腐，可供家具、雕刻等用。

39 龙桑
Mrous alba Linn. 'Tortuosa'

形态特征：本种为原种桑的栽培变种，主要区别龙桑枝条扭曲，其他均同原种。

分布：分布于热带、亚热带和温带。中国南方和华北均有栽培。

利用价值：适用于庭院栽培观赏。果可食用、酿酒。木材可供家具、农具、建筑等用。

40 垂桑（盘桑）
Morus alba Linn. 'Pendula'

形态特征：本种为原种的栽培变种，主要特点和区别是垂桑枝条下垂，其他均同原种。

分布：陕西榆林、西安、四川的绵阳及各地均有引种栽培。

利用价值：庭院园林绿化树种，能吸收烟尘及有毒气体，适于城市农村四旁绿化。果可食用、酿酒。木材可供家具、农具、建筑等用。

构属 *Broussonetia* L' Hert. ex Vent.

41 构树
Broussonetia papyrifera（Linn.）L' Hér. ex Vent.

形态特征：落叶乔木，高10～20 m；树皮暗灰色；小枝密生柔毛。树冠张开，卵形至广卵形；树皮平滑，浅灰色或灰褐色。叶螺旋状排列，广卵形至长椭圆状卵形，先端渐尖，基部心形，两侧常不相等，边缘具粗锯齿，不分裂或3～5裂，小树之叶常有明显分裂。花雌雄异株；雄花序为柔荑花序，粗壮，花药近球形，退化雌蕊小；雌花序球形头状。聚花果直径1.5～3.0 cm，成熟时橙红色，肉质；外果皮壳质。花期4—5月，果期6—7月。

生长特性：喜光，适应性强，耐干旱瘠薄，也能生于水边，多生于石灰岩山地，也能在酸性土及中性土上生长；耐烟尘，抗大气污染力强。

分布：产中国南北各地，锡金、缅甸、泰国、越南、马来西亚、日本、朝鲜也有。

利用价值：叶是很好的猪饲料，其韧皮纤维是造纸的高级原料，材质洁白，根和种子均可入药，树液可治皮肤病，经济价值很高。

槲寄生属 *Viscum* L.

42 槲寄生
Viscum coloratum (kom.) Nakai.Rop.

形态特征： 半寄生性灌木，高0.3～0.6 m，常绿，茎、枝均圆柱形黄绿色，呈2回至多回假二叉分枝，相邻的枝间互成120°角，有时有三歧或四歧分枝，分枝光滑无毛。单叶对生，无柄，生于枝端，厚革质或革质，狭矩圆形或矩圆状倒披针形，长2～7 cm，宽0.3～1.2 cm，顶端圆形或圆锥，有三条不明显的直出平行脉。花单性，雌雄异株，花序顶生或生于叉状分枝处。浆果状核果，球形，直径0.6～0.8 cm，成熟时黄色或橙黄色，半透明，中果皮具胶黏质。

分布： 辽宁、吉林、黑龙江、河北及河南、甘肃、陕西、湖北等省。

利用价值： 枝叶药用，治高血压、安胎、催乳、止腰疼和强壮剂等。

榕属 *Ficus* Linn.

43　琴叶榕（琴叶橡皮树）
Ficus pandurata Hance

形态特征：常绿乔木，高达12 m。叶纸质，提琴形或倒卵形，榕果单生叶腋鲜红色。球形，直径6～10 mm。

分布：原产西非塞拉利昂至摩洛哥，低地热带雨林，我国广东、广西、海南、福建、浙江、湖南、湖北等地。

利用价值：庭院绿化树种。琴叶榕叶片宽大奇特且株形生长规则，给人以大方庄重的美感，富有热带情调，有较高的观赏价值。根入药有舒筋活血功效。

毛茛科 Ranunculaceae

芍药属 *Paeonia* L.

44 牡丹
Paeonia suffruticosa Andr.

形态特征：多年生落叶灌木，高达2 m，分枝短而粗。叶呈2回羽状复叶，小叶长4.5～8.0 cm，阔卵形至卵状长椭圆形，先端有3～5裂，基部全缘，叶背有白粉，平滑无毛。花单生枝顶，大型，径10～30 cm，花型多种，花瓣5或为重瓣，玫瑰色、红紫色、粉红色至白色，通常变异很大，倒卵形，顶端呈不规则的波状；花药长圆形，长4 mm；花盘革质，杯状，紫红色；心皮5，稀更多，密生柔毛。蓇葖长圆形，密生黄褐色硬毛。花期5月，果期6月。

分布：主要分布在黄河中下游。

利用价值：园林绿化的名贵花卉。

铁线莲属 *Clematis* L.

45 灰叶铁线莲
Clematis canescens (Turcz.) W.T.Weng et M.c

形态特征：落叶直立灌木。数叶簇生，狭枝针形或长椭圆状披针形，长1~4 cm，先端锐尖，基部楔形，全缘，稀基部有1~2个牙齿或小裂片，两面被柔毛。灰绿色花单生或聚伞花序，具3朵叶腋生或顶生，花黄色，长椭圆状卵形，长1.2~2.0 cm，尖端尾尖，雄蕊无毛，花丝狭披针形，长于花药。瘦果密生白色长柔毛。花期7月至8月，果期9月。

分布：内蒙古与甘肃、宁夏等省（区）。

利用价值：固沙、庭院绿化。

小檗科 Berberidaceae

小檗属 *Berberis* Linn.

46 紫叶小檗
Berberis thunbergii DC. f. *atropurpurea* Nana.

形态特征：落叶灌木，小枝通常红褐色，有沟槽，刺不分叉。叶倒卵形或匙形，长0.5~2.0 cm，先端钝，基部急狭，全缘，叶面深红色。花浅黄色，1~5多成簇生状伞形花序。浆果，椭圆形，长约1 cm，亮红色。

分布：原产日本及中国，各大城市有栽培。

利用价值：平时叶紫红色，观赏价值极高，根、茎、叶可入药。茎含多种生物碱，其小檗碱可制黄连素，有杀菌消炎之效。茎皮可作黄色染料。

47 延安小檗
Berberis purdomii Schneid.

形态特征：落叶灌木，梢有纵棱或近圆柱形，一年生后期紫褐色，刺1~3叉，淡黄色。叶披针形或倒卵状披针形，长1~3 cm，先端急尖，缘具5~15个开展的细锯齿，网脉明显。总状花序，长1.5~3.0 cm，花黄色。浆果，鲜红色椭圆形。

分布：甘肃、陕西及山西等省。

利用价值：可作生态环境建设、城市园林绿化树种。

十大功劳属 *Mahonia* Nuttall

48 阔叶十大功劳
Mahonia bealei (Fort.) Carr.

　　形态特征：常绿灌木，高4m。小叶9～15枚，卵形至卵状椭圆形，长5～12cm，叶缘反卷，边缘有大刺齿，叶革质。总状花序，花黄色6～9条簇生。浆果，蓝黑色。

　　分布：陕西、河南、安徽、浙江、江西、福建、湖北、四川、贵州、广东等省。

　　利用价值：华东、中南各地庭院中常见栽培观赏。华北盆栽较多。全株入药，能清热解毒、消肿、止泻、治肺结核等。

南天竹属 *Nandina* Thunb.

49 南天竹
Nandina domestica Thunb.

形态特征：常绿灌木，高2m。2~3回羽状复叶，互生小叶椭圆状披针形，全缘。花小而白色，顶生圆锥花序。浆果球形，鲜红色。

生长特性：喜半阴、温暖气候，耐寒性不强。

分布：原产中国及日本，江苏、浙江、江西、湖北、四川、陕西、山东等地均有分布。

利用价值：园林绿化、观赏，根、叶、果入药。

木兰科 Magnoliaceae

木兰属 *Magnolia* L.

50 广玉兰
Magnolia grandiflora Linn.

形态特征：常绿乔木，高10 m，芽与小枝密被褐色或灰褐色绒毛。叶倒卵状椭圆形，12~20 cm，革质。花杯形，白色，极大，20~25 cm，有芳香，花瓣6枚，有达9~12枚。聚合果圆柱状卵形，密被锈毛；种子近卵圆形或卵形，长约14 mm，径约6 mm，外种皮红色，除去外种皮的种子，顶端延长成短颈。花期5—6月，果期9—10月。

生长特性：喜光、喜温暖气候，有一定的耐寒力。

分布：原产北美东部。中国长江流域、珠江流域园林中常见栽培。

利用价值：庭院绿化。花、叶、嫩梢可提取挥发油，提炼香精的良好材料。其材质致密坚实，可供装饰物、运动器具及箱柜等用。叶可入药。

51 紫玉兰（辛夷）
Magnolia liliflora Desr

形态特征：落叶小乔木，高3～5m，小枝褐紫色或深绿色。叶椭圆状侧卵形或侧卵形，长8～18cm，先端渐尖，基部渐窄，上面疏生短柔毛，下面沿脉有柔毛，叶脉8～10对，花紫红色。聚合果圆形、柱形，长7～10cm。

生长特性：喜光、喜温暖气候，有一定的耐寒力。

分布：湖北、四川、云南、陕西等省。

利用价值：庭院绿化珍贵花木之一。花蕾、种子可入药，止痛散风寒、清脑之功效。花可提取芳香浸膏。可作嫁接玉兰、二乔玉兰等的砧木。

52　白玉兰
Magnolia denudata Dest.

　　形态特征：落叶小乔木，高16 m，小枝及芽具短柔毛。叶倒卵形或倒卵状圆形，长10~15 cm，先端短渐尖，向基部渐尖狭，叶面绿叶色具细短柔毛，背面淡绿具小柔毛多生脉上，脉10对。花先叶开放，钟状，径12~15 cm，白色。聚合果，圆筒形或纺锤形。

　　分布：江西、江苏、浙江、安徽、河北、河南、陕西等省。

　　利用价值：庭院绿化珍贵花木。花蕾、种子可入药，止痛散风寒、清脑之功效。花可提取芳香浸膏。

鹅掌楸属 *Liriodendron* Linn.

53 鹅掌楸（马褂木）
Liriodendron chinensis (Hemsl.) Sarg

　　形态特征：落叶乔木，高40 m。叶马褂形，长12～15 cm，各边一裂，中腰部缩入，老叶背部有白色乳状突起。花黄色。聚合果，翅状小坚果。

　　生长特性：喜光及温暖湿润气候，有一定的耐寒性，可耐－15℃的低温。

　　分布：长江以南各省区。浙江、广东、四川、云南等省。越南北部也有。

　　利用价值：有观赏价值。叶、皮可入药。木材淡红色，材质细质，软而轻，不易干裂和变形，供建筑、家具及细木工用。

含笑属 *Michelia* Linn.

54 含笑
Michelia alba DC.

形态特征：常绿灌木或小乔木，高3~5 m，干皮灰色，新枝与芽有浅白色绢毛。叶薄革质，长圆状椭圆形或椭圆状披针形，10~25 cm，两端均渐狭，叶表背均无毛或背脉上疏毛。花白色，极芳香，长4~10 cm，2.0~4.5 cm。宽穗状聚合果，蓇葖革质，先端有短尖的喙，边缘带紫，外有疣点。

分布：印度尼西亚，我国华南地区有栽培，在长江流域及华北地区盆栽。

利用价值：为著名香花树种，作庭院和行道树用。花可供观赏及药用，也可提取芳香油。

樟科 Lauraceae

樟属 *Cinnamomum* Trew

55 樟
Cinnamomum camphora (L.) Presl

形态特征：常绿乔木。叶革质，离基三出脉，叶腋有腺体，全缘。圆锥花序，腋生，花淡黄色。核果，球形，熟后紫黑色。

生长特性：喜光，稍耐阴，喜温暖，湿润气候，耐寒不强，−18℃幼枝受冻害。

分布：长江以北为界，南至广东、广西，尤以江西、浙江、福建、台湾沿海最多。

利用价值：樟树是一种极有经济价值的树种。木材致密优美，易加工，耐水湿，有香气，抗虫蛀。供建筑、造船、家具、箱柜、雕刻、乐器等用。全树各部均可提取樟脑及樟油，是我国主要出口物资，广泛用于化工、医药、香料等方面。

56 阴香（土肉桂、胶桂、山桂、月桂）
Cinnamomum burmanni (Nees et T.nees) Blume

形态特征：乔木，高达14 m，胸径30 cm，树皮光滑，灰褐色黑褐色，内皮红色，味似肉桂。叶互生，卵圆形，披针形，离基部三出脉，中脉及侧脉明显。圆锥花序，腋生，最末分枝为三花，聚伞花序，花绿白色。果卵球形，直径8 mm。

生长特性：喜光、喜温暖湿润气候。

分布：湖北、四川、贵州、广西、云南等省（区）山坡灌丛中，海拔120~450 m。印度、印度尼西亚也有。

利用价值：树姿优美，有很高的观赏价值。清香自然，同时对氯气和二氧化硫均有较强的抗性，是理想的防污绿化园林树种。广东省推广的优良绿化树种，也是多种混交伴生的理想树种。阴香的皮、叶、根入药，可提取芳香油，种子可榨油。

山胡椒属 *Lindera* Thunb.

57 香叶树
Lindera communis Hemsl

形态特征：常绿乔木，高达13 m，当年生枝条纤细，平滑具纵条纹，绿色。叶互生，披针形，卵形或椭圆形，4~9 cm，先端渐尖，急尖有时近尾尖，基部宽楔形或近圆形，薄质至厚革质，上面绿，下面灰绿，边缘内卷，羽状脉。雄花黄色，雌花黄色或黄白色。果卵形近球形，1 cm，红色。

分布：陕西、甘肃、湖北、湖南、浙江、江苏、福建、台湾、广东、广西、云南、贵州、四川等省（区），越南有分布。

利用价值：绿叶红果，均颇美观。可作园林绿化树种。材质轻，结构细，供家具、细木工等用。枝、叶及皮可供药用。叶、果提取芳香油。种仁榨油供食用或工业用。

蜡梅科 Calycanthaceae

蜡梅属 *Chimonanthus* Lindl. nom. cons.

58 蜡梅（黄梅花）
Chimonanthus praecox (Linn.) Link

形态特征：落叶小乔木或灌木。叶对生，椭圆状卵形，先端渐尖，全缘，粗糙。江浙一带秋季生蕾，翌年1月先叶开放，云南11月份带叶盛开，花黄色、芳香。

分布：长江流域以南各省

利用价值：庭院绿化、观赏树种。

虎耳草科 Saxifragaceae
山梅花属 *Philadelphus* Linn.

59 建德山梅花
Philadelphus sericanthus Koehne

形态特征：落叶灌木，高1.5~2.0 m，老枝黑褐色。叶对生，叶三出脉，叶长椭圆形、卵状披针形，长3.5~9.0 cm，先端渐尖，全缘或具疏齿，表面疏被伏毛。总状花序顶生，花白色，花柱四裂达1/2。蒴果。

分布：浙江、江西、湖南、湖北、四川、贵州、云南等省。

利用价值：城市绿化观赏植物。嫩枝、叶、果供药用。

60 太平花
Philadelphus pekinensis Rupr.

形态特征：落叶灌木，高1～2m，老枝灰色，皮片状剥落。三出脉，叶卵形，卵状披针形，叶缘具细锯齿，背面脉上具柔毛，基部脉腋有簇毛。总状花序顶生，花柱四裂仅上部分裂，花白色。蒴果。

分布：辽宁、河北、河南、陕西、山西、甘肃、宁夏、江苏、浙江、四川、等省（区）。

利用价值：城市绿化观赏植物。

茶藨子属 *Ribes* Linn.

61 大刺茶藨子
Ribes alpestre var. Giganteum

形态特征：为虎耳草科茶藨子属下的一个变种。灌木，枝具壮刺，刺长2 cm，常3岐。叶宽卵形，3~5裂，叶基心形或截形，裂片钝尖，缘具缺刻状齿牙，稍具柔毛或口光滑。花1~2朵，淡绿色或淡红色，花瓣白色，雄蕊伸出花瓣外，花药顶端具1杯状腺。浆果口圆形或椭圆形，直径1.0~1.6 cm，紫色，具腺刺。花期4—6月，果期6—9月。

生长特性：生于山坡阴处阔叶林或针叶林下及林缘，海拔2 500~3 700 m。

分布：分布于四川、云南、西藏等地。

利用价值：叶形美丽、株型紧凑，是美丽的观赏性灌木。果实入药或作果茶。

62 尖叶茶藨子
Ribes maximowiczianum Kom.

形态特征：落叶灌木，高2m。叶宽卵形近圆形，长2.0～3.5cm，通常3裂，中间片较长，先端渐尖，基部心形；边缘具钝圆浅锯齿。叶背脉上有疏短粗毛。花单性，雌雄异株，总状花序短。浆果，球形。

分布：吉林、辽宁、河北、山西、陕西、甘肃、宁夏等省（区）。

利用价值：园林绿化花灌木，也可作水土保持造林树种等。

海桐科 Pittosporaceae
海桐花属 *Pittosporum* Banks

63 海桐
Pittosporum tobira

形态特征：常绿灌木，小乔木。叶革质，侧卵状椭圆形，边缘反卷。花白色或淡黄色。种子红色。

分布：我国江苏南部，浙江、福建、台湾、广东等地。日本、朝鲜也有。

利用价值：常用于景观、庭院栽培。木材可作器具，叶可代矾染色，故有"山矾"之别名。

杜仲科 Eucommiaceae
杜仲属 *Eucommia* Oliver

64 杜仲（胶本）
Eucommia ulmoides Oliver

形态特征：落叶乔木，高20m，小枝光滑，具皮孔，皮部及叶具银白色有弹性半透明胶质。叶椭圆形，长圆形卵形，薄革质。雌花单生，翅果扁平，长椭圆形，基部楔形，周围具薄翅。坚果位于中央，稍突起；种子扁平，线形，两端圆形；早春开花，秋后果实成熟。

生长特性：杜仲喜温暖湿润气候和阳光充足的环境，能耐严寒，适应性很强，对土壤没有严格选择，但以土层深厚、疏松肥沃、湿润、排水良好的壤土最宜。

分布：杜仲是中国的特有种。国家濒危保护物种。分布于河南、湖北、四川、云南、贵州、浙江、甘肃等省。

利用价值：重要的经济树种。树皮可供药，叶、果、皮、根均含杜仲胶，为硬橡胶原料。木材坚实，有光泽，不翘不裂，不遭虫蛀，可供建筑、家具、农具等用材。种子可榨油。

悬铃木科 Platanaceae
悬铃木属 *Platanus* Linn.

65 ## 法桐（三球悬铃木、法国梧桐）
Platanus orientalis L.

形态特征：落叶乔木，高20～30 m，树冠阔钟形。干皮灰褐绿色至灰白色，呈薄片状剥落，幼枝幼叶密生褐色星状毛。叶掌状5～7裂，深裂达中部，叶基阔楔形或截形，叶缘有齿牙，掌状脉，托叶圆领状。花序头状，黄绿色。多数坚果聚合呈球形，3～7个球成一串。

分布：原产欧洲、印度、小亚细亚有栽培，中国已普遍栽培。

利用价值：对城市环境耐性强，是世界著名的优良庭院和行道树种。

66 美桐（一球悬铃木、美国梧桐）

Platanus occidentalis L.

形态特征：落叶乔木，高40 m，树皮有浅沟，小片状剥落。叶宽卵形为常3浅裂，稀5浅裂。多数坚果聚合呈球形，一个悬铃球。

分布：原产北美洲，我国北部、中部有栽培。

利用价值：同法桐，对城市环境耐性强，是世界著名的优良庭院和行道树种。

67 英桐（悬铃木、二球悬铃木、英国梧桐）
Platanus acerifolia Willd.

形态特征：落叶乔木，高35 m，树干端直，下部枝条下垂，小枝被淡褐色绒毛，树皮灰绿，片状剥落。叶广三角形，3~5裂，裂口达1/3。为法桐、美桐杂交种。多数坚果聚合呈球形，为两个悬铃球。

分布：世界各地多有栽培，中国各地也普遍栽培。

利用价值：同法桐，一般均供观赏绿化用。本属三种悬铃木的木材在干后均易反翘，材质轻软易腐烂。

金缕梅科 Hamamelidaceae

檵木属 *Loropetalum* R. Brown

68 红花檵木

Loropetalum chinense (K. Br.) Oliv. var. *rubrum* Hieh

形态特征：为檵木变种。常绿灌木，叶与原种相同，嫩枝与花瓣紫红色。花紫红色，长2 cm，其他同原种。

分布：在长江以南地区广泛栽培。

利用价值：庭园观赏。根、叶、花、果均可药用；木材坚实耐用；枝叶可提制栲胶。

蔷薇科 Rosaceae
委陵菜属 *Potentilla* L.

69 金露梅
Potentilla fruticosa L.

形态特征：落叶灌木，高达0.5～1.5 m，多分枝，树皮灰褐色，纵向剥落，小枝红褐色或灰褐色，幼枝被绢状长柔毛。奇数羽状复叶，小叶5，少3，上面一对小叶基部下延与叶轴汇合，小叶通常矩圆形，长8～20 mm，全缘，边缘反卷，上面密被或疏的绢毛。花单生叶腋或数朵成伞状花序，花瓣黄色，倒卵形至圆形。瘦果近卵形，褐棕色。

分布：我国东北、华北、西北及四川、云南、西藏，也广泛分布于北半球温带山区。

利用价值：庭院观赏灌木。嫩叶可代茶叶用。花、叶入药。能健脾化湿、清暑、调经，主治消化不良、中暑、月经不调。中等牧草。

蔷薇属 *Rosa* L.

70 木香花
Rosa banksiae

形态特征：常绿攀援小灌木，高6m，小枝圆柱形，无毛，有短小皮刺，老枝上有的皮刺较大坚硬，经栽培后有时无刺。小叶3～5，稀7，小叶片椭圆状卵形或长圆披针形，长2～5cm，宽8～18mm，先端急尖或稍钝，基部近圆形或宽楔形，边缘有细锯齿。花小，伞形花序，花白色，单瓣。

分布：陕西、甘肃、湖北、湖南、广东、广西、四川、云南、西藏等省（区），原产我国西南。

利用价值：我国长江流域普遍栽培，用作棚架、花篱材料。在北方也常盆栽并编成"拍子"形等。

71 扁刺峨眉蔷薇
Rosa omeiensis Rolfe f. *pteracantha* (Franch) Rehd.et Wils.

形态特征：本种为峨眉蔷薇的变型，与峨眉蔷薇的区别为刺极宽，几相连接成翅状，幼时呈透明深红色。

分布：分布及用途同本种。

利用价值：枝的皮刺特殊、奇特，为庭院优良的观赏植物。

72 纯叶蔷薇
Rosa sertata Rolfe.

形态特征：落叶灌木，高约2 m，小枝细瘦，紫褐色，无毛具皮刺，刺细长，直立，长达7 mm。奇数羽状复叶，长4～10 cm，叶轴腹面具沟槽，无毛，疏被细刺，有时具极稀疏腺毛，具小叶7～11，小叶椭圆形，卵形，卵圆形，边缘具腺毛，全部与叶轴合生。花常单生，花瓣淡红色。蔷薇果，红色。

分布：山西、河南、陕西、甘肃、湖北、四川、云南、宁夏六盘山海拔1 600～2 200 m 林缘下。

利用价值：花紫色、红紫色较特殊，有很好的观赏价值。作庭院绿化用。

73 南阳月季（高杆月季、月季树）
Rosa chinensis Jacg.

  形态特征：南阳月季，形如树状，又称月季树，它是通过两次以上嫁接手段达到标准的直立树干、树冠。南阳月季优点，观赏视觉效果令人耳目一新。

  分布：各地均有栽培。

  利用价值：绿化用途广，在人行道、公园、风景区、小区庭院等有绿地的地方种植，树状月季在园林街景美化环境中具有独特的作用。

74 丰花月季
Rosa hybrida Hort.

形态特征：落叶灌木，高0.3～4m，茎部有弯曲尖刺，有疏有密。叶互生奇，数羽状复叶，小叶3～9枚，卵圆形，椭圆形或阔披针形，具锯齿，托叶与叶柄合生。花顶生，花瓣自单瓣5片至重瓣，花色多，花期长。果球形，红黄色，顶部开裂。耐寒性较强，耐粗放管理。经与西亚种杂交后所生多种变种变型品种。

分布：原产中国，湖北、四川、甘肃等省山区。东北南部普遍引种，北部引种稍有冻害。

利用价值：花色多样，普遍用于园林绿化、如篱栅和墙垣种植。

75 玫瑰
Rosa rugosa Thunb.

形态特征：落叶直立丛生灌木，高2m，基枝灰褐色，密生刚毛与倒刺。小叶5~9，椭圆形至椭圆状倒卵形，缘有锯齿，表面亮绿，多皱，背面有柔毛倒刺毛，托叶大部附着于叶柄上。花单生或数朵簇生，常为紫色。果扁球形，砖红色。

分布：原产我国北部，现各地有栽培，以山东、江苏、浙江、广东为多。

利用价值：花繁叶密具有观赏价值，广泛应用于各种绿地，可作地被观花植物、花篱、花墙。花有香气，可作糕点，花可提取油作香料。

76 黄蔷薇
Rosa hugonis Hemsl

形态特征：落叶灌木，高达2.5 m，枝拱形，有直而扁平的刺，并有刺毛混生。小叶5~13 cm，卵状椭圆形至倒卵形，长0.8~2.0 cm，先端微尖或圆钝，基部圆形，缘具钝齿，两面无毛。花单生，淡黄色，径约5 cm，单瓣。果扁球形，直径1.0~1.5 cm，红褐色，具宿存萼片。花期4—5月，果熟期7月。

分布：山西、甘肃、四川等省，现已在国外广泛引种。

利用价值：普遍用于园林绿化。篱栅和墙垣种植。

77 黄刺梅
Rosa xanthina Lindl

形态特征：落叶丛生灌木，高1～3m，小枝褐色有硬直皮刺，无刺毛。具小叶长7～13片，广卵形至近圆形，长0.8～1.5cm，先端圆钝或微凹，缘有钝锯齿，背面幼时微有柔毛，但无腺。花单生，黄色，重瓣或单瓣。果近球形，红褐色，直径约1cm，花期4月下旬至5月中旬。

分布：东北、华北至西北，朝鲜。

利用价值：用于林缘路旁、庭院绿化，建造优美环境。

78 秦岭蔷薇
Rosa Tsinglingensis Pax et Hlffm.

形态特征：落叶灌木，小枝暗紫色，光滑，刺起立，对生。托叶基部微扁，长3~5mm，小时9~13cm，几圆形、椭圆形或长圆形，先端圆，基部圆或钝，长1~2cm，宽6~12cm，面绿色，背面绿或苍白，叶缘有尖锯齿。花白色单生，约3cm。果实暗红色，倒卵形，或卵状长圆形，长2~3cm。花期7月，果期9月。

分布：陕西太白山，为陕西特产。

利用价值：花白色，作观赏及庭院绿化树种。为陕西特有种。

绣线菊属 *Spiraea* L.

79 粉花绣线菊（日本绣线菊）
Spiraea japonica L.f.

形态特征：落叶灌木，高1.5 m，枝光滑或幼时具细毛。叶卵形至卵状椭圆形，叶缘有缺刻状重锯齿，叶背灰蓝色，脉上常有短柔毛。花淡粉红至深粉红色，偶有白色，簇聚于有柔毛的复伞房花序上。

生长特性：生态适应性强，耐寒，耐旱，耐贫瘠，抗病虫害。

分布：原产日本。我国华东有栽培。

利用价值：花繁叶密，具有观赏价值，广泛应用于各种绿地，可作地被观花植物、花篱、花境。

80 珍珠花（珍珠绣线菊）
Spiraea thunbergii Sieb ex BL.

形态特征：落叶灌木，高1.0～1.5 m，枝条细长开展，小枝具角棱。叶披针形，丛生分枝，叶先端渐尖，长2～4 mm，边缘有钝锯齿。花梗长，花纯白色。

分布：原产华东。现山东、陕西、辽宁等地均有栽培，日本也有分布。

利用价值：供观赏用。花期很早，花朵密集如积雪，叶片薄细如鸟羽，秋季转变为橘红色，甚为美丽。

81 三裂叶绣线菊
Spiraea trilobata L.

形态特征：落叶灌木，高2m，枝细开展，褐色，无毛。叶片倒卵形、近圆形、椭圆形，长1~4cm，宽0.8~4.5cm，常三裂或具数圆钝锯齿。伞形花序，着生于侧生小枝顶端，具花6~15朵，花瓣白色，多数密集。蓇葖果无毛。

分布：原产俄罗斯、我国东北、华北、西北、陕西、甘肃、新疆、河南、安徽、宁夏等省（区）。

利用价值：叶含鞣质，可提取栲胶，也可用于庭院栽培，供观赏。

风箱果属 *Physocarpus*（Cambess.）Maxim.

82 紫叶风箱果
Physocarpus opulifolius 'summer wine'

形态特征：落叶灌木，高1～2m。叶片生长期紫红色，落前暗红色，叶三角状卵形，缘有锯齿。花白色，顶生伞形总状花序。蓇葖果膨大，卵形长渐尖头，熟时沿背腹两缝开裂，外面微被星状柔毛，内含黄色种子。

生长特性：喜光，耐寒、耐瘠薄。耐粗放管理。突出特点是光照充足时叶片颜色紫红，而弱光或荫蔽环境中则呈暗红色。东北地区能露地越冬。

分布：原产北美。

利用价值：紫色叶子丛中呈现出团团白色的花序，美丽而朴素淡雅。在晚夏时膨大的果实又呈红色。可供园林观赏用。

珍珠梅属 *Sorbaria*（Ser.）A.Br.ex Aschers.

83 华北珍珠梅
Sorbaria kirilowii（Regel）Maxim.

　　形态特征：落叶灌木，高2m。奇数羽状复叶，小叶13～21对，叶椭圆状披针形，先端长渐尖，侧脉直达齿端，缘具锐利复锯齿，叶腋具白簇毛。花白色，圆锥花序。蓇葖果。

　　分布：河北、河南、辽宁、山东、山西、甘肃、青海、宁夏、内蒙古、陕西等省（区）。

　　利用价值：花、叶清丽，花期极长且正值夏季少花季节，园林绿化中广泛应用。

枸子属 *Cotoneaster* B.Ehrhart

84 水枸子
Cotoeaster multiflorus Bge.

形态特征：落叶灌木，高3 m，幼枝红褐色，具短柔毛，老枝暗灰褐色，无毛。叶片卵形，宽卵形至卵状椭圆形，长2.0～4.5 cm，宽1.5～2.5 cm，先端急尖或钝圆，基部宽楔形，上面绿色，下面淡绿色，脉明显，幼时有柔毛。聚伞花序，具5～10朵，白色，雄蕊18个，花柱2离生。果实红色近球形，径8 mm，具1小柱。

分布：我国东北、华北、西北及西南各省（区），宁夏贺兰山、罗山、六盘山均有分布。

利用价值：用于园林绿化。花果繁多而美丽，宜丛植于草坪边缘及园路转角处观赏。

85 灰栒子
Cotoeaster acrtifolium Turcz.

形态特征：落叶灌木，高2m，幼枝红褐色，被黄色粗糙伏毛，老枝暗褐色无毛。叶片椭圆形，卵状椭圆形或倒卵椭圆形，长2.0~6.5 cm，先端渐尖或急尖，基部宽楔形至近圆形，上面绿色被疏柔毛，下面淡绿色，被柔毛。聚伞花序具2~7朵花，花梗均被柔毛，花粉红色，花柱2。果实倒卵形，径约6 mm，黑色。

分布：我国华北及河南、湖北、陕西、甘肃、青海、宁夏、西藏、四川等省（区）。

利用价值：宜种植于草坪边缘或树坛内。

86 毛叶水栒子
Cotoneaster submultiflorus Popv.

形态特征：落叶灌木，高1.5～5.0 m，幼枝紫褐色，被短柔毛，老枝暗灰褐色，无毛。叶片菱状卵形，长2～4 cm，宽1.5～2.5 cm，先端圆钝或急尖，基部宽楔形，上面无毛或被极稀的柔毛，下面被短柔毛。聚伞形花序，具有3～8朵，花瓣近圆形，白色。果红色，球形，直径6 mm，1个小核。6月开花，果期6—7月。

分布：宁夏六盘山、贺兰山、内蒙古、山西及西北各省区。

利用价值：用于园林绿化。果鲜红而美丽，宜丛植于草坪边缘及园路转角处观赏。

火棘属 *Pyracantha*

87 火棘
Pyracantha fortuneana (Maxim.) Li

形态特征：常绿灌木，高3 m，具枝刺，枝圆形，红褐色无毛。叶倒卵形，长2~5 cm。复伞房花序，花白色。梨果，果实扁球形，深红色。

分布：湖北、四川、陕西、甘肃等省。

利用价值：果可酿酒或磨粉代食。也作庭园绿化，观赏用。

山楂属 *Crataegus* L.

88 阿尔泰山楂
Crataegus altaica (Loudon) Lange

形态特征：落叶小乔木，高3~6m，通常无刺，少数或少量粗壮枝刺，枝紫褐色或红褐色。叶卵形或三角形，长3~9cm，宽4~7cm，先端急尖，边缘有锯齿，常有2~4对裂片。复伞房花序，花白色。梨果，球形，金黄色，直径8~10mm。

生长特性：本种生于山地，从灌木草原到亚高山森林带，生山地河谷、草原灌丛、林缘、疏林、林中空地。

分布：新疆中北部，俄罗斯也有。

利用价值：果肉柔软，粉质、味美，可食用。花、果均有观赏价值，可作庭院绿化树种。与其他树种混交搭配组成水土保持、水源涵养林树种。

89 山楂
Crataegus pinnatifida Bunge

形态特征：落叶灌木或小乔木，高6m，枝无刺或具短刺，小枝光滑，红褐色。叶广卵形、三角状卵形，先端急尖，或短渐尖，基部截形，长5~10cm，边缘羽状5~9裂，下部几对裂片常深裂达中肋，裂片具尖锐不整齐锯齿。伞房花序，果实几圆形，直径1.5cm，红色。

分布：黑龙江、吉林、辽宁、内蒙古、河北、山东、山西、河南、江苏、浙江、陕西等省（区）。

利用价值：可作庭院绿化。果可制糖葫芦、山楂酱、山楂糕等食品，还可入药，有健胃、消积化滞、舒气散淤之效。

90 甘肃山楂
Crataegus Kansuensis wils

形态特征：落叶灌木或小乔木，高3～8m，刺锥形，长2cm，小枝圆形，柱形，红褐色。叶宽卵形，缘有重锯齿和5～7对不规则羽状浅裂，裂片三角状，卵形。花白色，伞房花序。果实近球形，红色，小核2～3粒，内侧两面有凹痕。

分布：甘肃、青海、宁夏等省（区）。

利用价值：可作庭院绿化、观赏用。果实能食。

梨属 *Pyrus* L.

91 梨
Pyrus bretschneideri Rehd.

形态特征：落叶乔木，高5~8m，小枝幼时有柔毛。叶卵形或卵状椭圆形，长5~11cm，基部广楔形或近圆形，有刺，芒状尖锯齿，先端微向内曲。花白色，直径2.0~3.5cm。果卵形或球形，黄色或黄白色，有细密斑点。

分布：原产中国北部，河北、河南、山东以西、陕西、甘肃、青海等省皆有分布，栽培遍及华北、东北南部、西北、江苏、四川等地。

利用价值：果除鲜食外，还可制梨酒、梨干、梨膏、罐头等。

92 杜梨
Pyrus betulaefolia Bunge

形态特征：落叶乔木，高10m，小枝常具刺，幼树密生灰白色绒毛。叶菱状卵形或长卵形，长4~8cm，缘有粗尖齿，幼叶两面具灰白色绒毛，老则背面有毛。花白色，径1.5~2.0cm，花梗长2.0~2.5cm。果实小，近球形，径约1cm，褐色。

分布：在中国北部长江流域也有，辽宁以南河北、山西、河南、陕西、甘肃、宁夏、安徽、江西、湖北等省（区）。

利用价值：春季白花美丽，木材可作各种细木工用。

枇杷属 *Eriobotrya* Lindl.

93 枇杷
Eriobotrya japonica (Thunb) Ait

形态特征：常绿小乔木。单叶互生，缘有齿，羽状侧脉，直达齿尖，小枝、叶背及花序均有密被锈色绒毛。花白色，顶生圆锥花序，梨果。

分布：在中国四川、湖北、浙江、江苏、福建等省，越南、缅甸、印度、印尼、日本也有栽培。

利用价值：枇杷树形整齐美观，叶大荫浓，常绿而有光泽，冬日白花盛开，初夏黄果累累，是园林结合生产的优良树种。果味鲜美，除生吃外还可以酿酒或制成罐头，叶可入药，有化痰止咳作用，花为良好的蜜源植物。木材可作木梳、手杖等用。

花楸属 *Sorbus* L.

94 欧洲花楸
Sorbus aucuparia.

形态特征：落叶乔木或小乔木，高9 m，冠幅4~8 m。奇数羽状复叶互生，小叶11~18枚，长椭圆形。春天花朵为白色，叶片春夏季为深绿色，秋季叶片红色，红色果实。

生长特性：喜湿润的酸性土壤，较耐阴，能耐寒。

分布：原产于欧洲和亚洲西部。中国要在河北南部、山东北部、山西中部、陕西、甘肃中部、青海中部、新疆南部地区以北的地区内生长。

利用价值：入秋红果累累。叶也变红，宜植于庭园及风景区观赏。

石楠属 *Photinia* Lindl.

95 石楠
Photinia serrulata Lindl

形态特征：常绿灌木或小乔木，高12 m。叶长椭圆形至倒卵状长椭圆形，长8～20 cm，先端尖，基部圆形或广楔形，缘有细尖锯齿，革质有光泽，幼叶带红色。花白色，直径6~8 mm，顶生，复伞房花序。果球形，红色。花期5—7月，果熟期10月。

分布：原产中国中部及南部，印度尼西亚也有。

利用价值：可用于城市绿化。木材致密可作器具，叶、根供药用。

木瓜属 *Chaenomeles* Lindl.

96 贴梗海棠（贴梗木瓜）
Chaenomeles speciosa（Sweet）Nakai C. Lagenaria Koidz.

　　形态特征：落叶灌木，高2m，有刺。单叶互生，长卵形至椭圆形。花单生或数朵簇生于二年生枝条上，朱红色，单瓣或重瓣。梨果卵形至球形，长5～10cm，黄色或黄绿色，有香气。

　　分布：原产我国中部，我国南北各省均有栽培。

　　利用价值：果供药用，是制酒原料。该树种也是一种观花、观果灌木，宜于草坪、庭院或花坛配植。

苹果属 *Malus* Mill.

97 苹果
Malus pumila Mill.

　　形态特征： 落叶乔木，高15 m，小枝幼时密生绒毛，后变光滑紫褐色。叶椭圆形至卵形，长4.5～10.0 cm，先端尖，缘具圆钝锯齿，幼时两面有毛，暗绿色，伞形花序，具3～7朵花簇生。花白色，带红晕。果为略扁之球形。

　　分布： 原产欧洲东南部，小亚细亚及高加索一带，1870年传入我国，近年在东北南部及华北、西北各省广泛栽培。

　　利用价值： 开花季节颇为可观；果熟季节，硕果累累。色彩鲜艳，为北方地区主要的鲜食水果。

98 山荆子
Morus baccata (Linn.) *Borkh*

形态特征：落叶灌木，高10 m，小枝细弱，光滑，红褐色。叶椭圆形、卵形或卵状长圆形，先端渐尖，基部楔形或卵状披针形，长3~6 cm，宽2~5 cm，缘具细锯齿，幼嫩时叶背微被短柔毛或光滑，托叶膜质披针形。花序伞形，3~5朵花簇生，小枝顶端，花白色，花径3.0~3.5 cm。梨果近圆形，直径0.8~1.0 mm，红色或黄色，两端凹入，果柄长3~4 cm。花期4月下旬，果熟期9月。

分布：辽宁、吉林、河北、山西、河南、山西、陕西、甘肃、宁夏等省（区）。

利用价值：果可酿酒，我国东北、华北各地多用作苹果、花红、海棠花等的砧木。在欧美多作杂交亲本，用于耐寒苹果的育种。

99 花叶海棠
Morus transitoria (Batal) Schneid

形态特征：落叶灌木或小乔木，高2～6m，小枝幼时密生绒毛，老时暗褐色，无毛。叶片卵形或宽卵形，先端急尖或稍钝，边缘常5深裂，裂片椭圆或狭倒卵形，边缘具细锯齿，上面绿，被短柔毛，下面淡绿，被柔毛，托叶披针形。伞形花序5～6朵花，花瓣近圆形或卵形，先端微凹，基部具爪，白色。梨果椭圆形，红色。花期6月，果期8—9月。

分布：内蒙古、陕西、甘肃、青海、宁夏（贺兰山、罗山、南华山）、四川等省（区）。

利用价值：可作苹果砧木，也可作庭院绿化、美化树种。

100 垂丝海棠
Malus Halliana Koehne

形态特征：落叶小乔木。叶锯齿细钝，或全缘，叶柄及中脉常带紫红色。花梗细长下垂，长3～4 cm。果小球形，5～6 mm，紫色。

生长特性：喜温暖、湿润气候，耐寒性差。

分布：江苏、浙江、安徽、陕西、四川、云南等省。

利用价值：花繁色艳，朵朵下垂，是著名的庭院观赏花木。在江南庭院中尤为常见，在北方常盆栽观赏。

101 红宝石海棠
Malus micromalus 'Ruby'

形态特征：落叶灌木或小乔木。新生叶鲜红色，叶面光滑，润泽鲜亮，后由红变绿，新生叶又是鲜红色，整个生长季红绿交织，叶红、花红、果红枝亦红。花伞形花序，粉红色至玫瑰红色。果红色梨果，接近球形，0.75~1.0 cm，秋天满树红时，枝紫。花期4—5月，果期9—10月。

分布：栽培品种。引入中国后主要在中国北方地区栽培。

利用价值：城市庭院绿化、观赏植物。

102 绿宝石海棠
Malus 'Jewelberry'

形态特征：落叶灌木，枝条灰色，小枝被毛无刺。叶互生，叶缘有不规则锯齿，叶长5~6 cm，宽1.5 cm。花淡绿色3~5朵簇生，花丝淡绿。果实黄色，扁圆状，花期3—5月，果期9—10月。

分布：上海植物园栽培。

利用价值：主要用于园林绿化，是良好的观赏花卉品种。

103 西府海棠
Malus micromalus Mak.

形态特征：落叶小乔木，为山荆子与海棠之杂交种，小枝紫褐色或暗褐色，幼时有短柔毛。叶长椭圆形，长5～10 cm，先端渐尖，基部广楔形，锯齿尖细，背面幼时有毛，叶质硬实，表面有光泽。花淡红色，径4 cm。果红色，直径1.0～1.5 cm。花期4月，果期8—9月。

分布：原产中国北部，各地有栽培。

利用价值：良好的庭院观赏兼果用树种，还可作苹果、花红的砧木。

104 八棱海棠
Malus robusta Rehder

　　形态特征：为楸子和山荆子的杂交种。落叶小乔木，树高达7 m，树冠开张，树干暗褐色。嫩枝或褐或红褐色。叶卵圆或椭圆形，长5～10 cm，宽3～6 cm。花3～6朵，呈伞形花序，以5朵居多，花于叶后开放，淡粉红色或白色，径约5 cm。果实扁圆或少数为近圆形乃至卵圆形，径2.0～2.5 cm。花期4—5月初，果期8—10月。

　　分布：原产于中国河北怀来一带，冀北山区的常见地方种，北京的延庆、昌平等地也有分布。

　　利用价值：良好的庭院观赏兼果用树种。果可食，也可作果酱、蜜饯等。

105 绚丽海棠
Malus 'Radiant'

形态特征：落叶小乔木，树形紧凑，树形紧密，株高4.5～6.0 m，冠幅6 m。新叶红色，花单瓣，粉红色至紫红色，花深粉色，单瓣，直径4.0～4.5 cm。果亮、红色，直径1.2 cm。花期4月中下旬，果熟期6—10月，缤纷绚丽。该品种花量繁密，色彩鲜艳，是优良的海棠品种，

生长特性：喜光，耐寒，耐旱，忌水湿。

分布：1958年由美国明尼苏达大学培育，北京植物园1990年引进。

利用价值：海棠花对二氧化硫有较强的抗性，城市街道绿地和矿区绿化树种，主要用于园林观赏。

106 昭君海棠
Malus 'Zhao Jun'

形态特征：落叶小乔木，树形直立向上，紧凑挺拔，树高4.5～6.0 m，树冠4.5 m，树皮黄绿色，小枝青绿色。叶片浓绿，边缘锯齿尖锐，叶背有毛。4月中旬开花，花期长，花大白色。果实深红色。

分布：美国明尼苏达大学培育，适合我国北方地区栽培。

利用价值：对二氧化硫有较强的抗性，城市街道绿地和矿区绿化树种，主要用于园林观赏。

107 雪球海棠
Malus 'Snowdrift'

形态特征：大灌木或小乔木，高5~7m，树冠密集，规则对称，刺状短枝发达。叶片亮绿色，椭圆形，锯齿尖，先端渐尖，秋叶变黄。幼苗的花蕾粉红色，开后白色，直径3.5cm。果实球形，长1.5~1.8cm，橙色。

分布：由 Colo 苗圃1965年培育。北京植物园1990年引进。

利用价值：海棠花对二氧化硫有较强的抗性，城市街道绿地和矿区绿化树种。

108 冬红海棠
Malus "winter red"

形态特征：落叶小乔木。树高可达5~7m；树冠开张，枝条粗壮。叶片肥厚浓绿，椭圆形，先端有圆钝，锯齿，掌状纹裂，幼时两面有短绒毛，老枝紫褐色。初果实自7月始，由绿色转为透亮的金黄色后随季节的加深而逐渐地向红色过渡，至成熟后颜色完全呈现出深红色。

分布：冬红海棠是北美海棠的一种。

利用价值：可以填补园林绿化景观中冬季单调的现状，在飘雪的季节里还能够果实累累，实为一道亮丽的风景线。园林绿化景观的宝贵树种。果可食，也可作果酱、蜜饯等。

棣棠属 *Kerria DC*

109 重瓣棣棠
Kerria japonica（L）DC.var pleniflora Witte

形态特征：是棣棠变种。与棣棠本种区别主要是重瓣，观赏价值更高。

生长特性：喜温暖、半阴而略湿之地，野生在灌丛或乔木林下生长。南方庭院中栽培较多。喜温暖湿润和半阴环境，耐寒性较差，对土壤要求不严，以肥沃、疏松的砂壤土生长最好。

分布：中国湖南、四川和云南有野生种，中国南北各地普遍栽培。

利用价值：供观赏用。花枝叶秀丽，是枝、叶、花俱美的春花植物。春日棣棠金花夺目，别具特色。可作切花材料。在园林庭院中常用。

鸡麻属 *Rhodotypos* Sieb. et Zucc.

110 鸡麻
Rhodotypos scandens (Thunb.) Makino

形态特征：落叶灌木，高2~3m。叶卵形至卵状椭圆形，长4~8cm，端锐尖，缘具尖锐重锯齿，表面皱。花纯白色，3~5cm，单生新枝顶端。核果1~4。

分布：辽宁、山东、河南、陕西、甘肃、安徽、江苏、浙江等省。日本也有。国家三级濒危保护植物。

利用价值：庭院观赏，果、根入药。

李属（梅属）*Prunus* L

111 紫叶李（红叶李）
Prunus cerasifera Ehrh . ʻAtropurpureaʼ Jacq.

形态特征：落叶小乔木，高8 m，小枝光滑。叶卵形或倒卵形，长3.0～4.5 cm，端尖，基圆形重锯齿细，整个生长季为紫红色，背面中脉基部有柔毛。花淡粉红色，径约2.5 cm，常单生。果球形，暗酒红色。乃是樱李的变型。

分布：亚洲西南部。

利用价值：园林绿化，叶色紫红，为观叶观花的树种。

112 李子
Prunus salicina Lindl.

　　形态特征：落叶乔木，高达12 m。叶多呈倒状椭圆形，长6~10 cm，叶端突尖，叶基楔形，叶缘有细重锯齿，叶背脉腋有簇毛，叶柄长1.0~1.5 cm，近处有2~3腺体。花白色，常三朵簇生。果卵球形，4~7 cm，黄绿色至紫色，外被蜡粉。

　　分布：东北、华北、华东、华中均有分布。

　　利用价值：为优良的庭院绿化、观花、果实多用树种。

113 红梅
Prunus mume Sieb. et Zucc. 'Alphandii'

　　形态特征：本种为梅的栽培变种，落叶小乔木，稀灌木，高4~10 m。树皮浅灰或带绿，平滑小枝绿色，细长。叶卵形或椭圆形，长4~8 cm，宽2.5~5.0 cm，先端尾尖，边具细锐锯齿。花单生或有时2朵同生于1芽，直径2.25 cm，有浓香，先叶开放，粉红色。本种为梅的栽培变种，花半重瓣，重瓣蝶形；果近球形，直径2~3 cm，味酸。

　　分布：长江流域及南均有栽培，原种朝鲜、日本也有。

　　利用价值：庭院绿化、观花植物，高雅、名贵树种。果可食用。

114 绿梅
Prunus mume Sieb. et Zucc. 'Virdicalyx'

形态特征：本种为梅原种的栽培变种，花单瓣至半重瓣，蝶形，白色，花萼绿色，称绿梅。

分布：在长江流域及南均有栽培，梅原种朝鲜、日本也有。

利用价值：庭院绿化、观花植物，高雅、名贵树种。果可食用。

115 美人梅
Prunus×*blireana* 'Meiren.'

形态特征：落叶乔木，为重瓣粉型梅花与红叶李杂交而成。叶片卵圆形，长5~9 cm，叶柄长1.0~1.5 cm，紫红色，叶缘有细锯齿，叶被生有短柔毛。花色浅紫，重瓣花，先叶开放，花瓣15~17枚，小瓣5~6枚，雄蕊多数，花瓣层层重叠，花心常有碎瓣，花粉红色紧密。

生长特性：抗寒、抗旱性强。

利用价值：为优良的园林观赏、环境绿化树种。

116 紫叶矮樱
Prunus×cistena

形态特征：落叶灌木或小乔木，高达2.5 m，冠幅1.5～2.8 m。枝条幼时紫褐色，当年生枝条木质部红色，老枝有皮孔。叶长卵形或卵状椭圆形，长4～8 cm，先端渐尖，叶基广楔形，叶缘有不整齐的细钝齿，叶面红色或紫色，背面色彩更红，紫红色，单花单生，淡粉红色，花瓣5。

分布：中国华北、华中、华东、华南等地均适宜栽培，辽宁、吉林南部等冬季可以安全越冬。

利用价值：园林绿化较高的观赏价值。果实可食用。

117 樱桃
Prunus pseudocerasus Lindl.

形态特征：落叶乔木，高8 m，小枝光滑微被短柔毛。叶广卵形，长7~10 cm，下面仅脉腋具短柔毛，缘具不整齐复锯齿，齿端腺状。花先叶开放，白色，3~6簇生或短总状花序。果实几圆形，红色。

分布：河北、山东、河南、湖北、陕西均有栽培。

利用价值：庭院绿化、观花植物。果实甜美可食。

118 毛樱桃
Prunus tomentosa Thunb.

形态特征：落叶灌木，小枝被绒毛。叶倒卵形或椭圆形，长4~7 cm，先端突渐尖，叶面被短柔毛，下面被绒毛。花常1~2朵簇生，先叶或同时开放，白色或粉红色。果实几圆形，深红色，约1 cm。

分布：华北、东北、西北、西南地区各省（区）。

利用价值：园林绿化植物。果实可食。

119 榆叶梅
Prunus triloba Lindl.

　　形态特征：落叶灌木或小乔木，高5 m，小枝光滑或微被短柔毛。叶广椭圆形，倒卵形，长3~6 cm，先端渐尖或三裂，上面初展时有短柔毛，后光滑，下面微被短柔毛，缘具粗复锯齿。花1~2朵腋生，粉红色。果实红色，几球形。

　　分布：黑龙江、辽宁、内蒙古、河南、河北、山东、山西、陕西等省区。

　　利用价值：北方园林中广泛应用。花团锦簇，在园林或庭院中最好以苍松翠柏作背景丛植或与连翘配植。

120 撒金碧桃
Prunus persica Batsch f.*versicolor* Voss .

形态特征：为桃的变型。花复瓣或近复瓣，白色或粉红色，同一株花有二色，或同一朵花上有二色，乃至同一花瓣上有粉、白二色。

分布：许多品种都是变种和栽培变种，在北方各大城市都有引种栽培，宁夏银川市也表现非常好。

利用价值：属观赏桃。桃花烂漫纷飞，妩媚可爱。花繁密，栽培容易，故南北园林都应用。种植在山坡、水畔、石旁、墙际、庭院、草坪边俱宜。枝、叶、根也可入药。木材坚实致密，可作工艺用材。

121 绯桃
Prunus persica Batsch. *fmagnifica* Schneid.

形态特征：为桃的变型。色绯红色，花瓣如剪绒。

分布：许多品种都是变种和栽培变种，在北方各大城市都有引种栽培，宁夏银川市也表现非常好。

利用价值：属观赏桃。桃花烂漫纷飞，妩媚可爱。花繁密，栽培容易，故南北园林都应用。种植在山坡、水畔、石旁、墙际、庭院、草坪边俱宜。枝、叶、根也可入药。木材坚实致密，可作工艺用材。

122 山桃
Prunus davidiana (Carr.) Franch.

形态特征：落叶小乔木，高10m，树皮紫褐色，而有光泽，小枝细而无毛。叶狭卵状披针，长6~10cm，先端长渐尖，基部广楔形，细齿细尖，两面无毛，罕见腺体。花单生，淡粉红色，先叶开花。果球形，果肉薄而干燥，离核不堪食。

生长特性：喜阳光、耐寒、耐旱、怕涝而萌蘖力强，对土壤要求不严，贫瘠、荒山均可生长。耐修剪，寿命较短。在肥沃高燥的沙质壤土中生长最好，在低洼碱性土壤中生长不良，亦不喜土质过于黏重。

分布：黄河流域各地，西南也有。

利用价值：花期早，开花时美丽可观花粉红色。园林中宜成片栽植于山坡，可显示其娇艳之美。在庭院、草坪、水际、林缘、建筑物前栽植也很合适。可供细木工用，核仁可榨油。

123 京桃（白碧桃）
Prunus persica **f. albo-plena Schneia**

形态特征：落叶亚乔木，最高达10m左右，有主干，分枝较低，冠形开展，树皮棕褐色，略有光泽，单叶互生，条状披针形，具细齿，先端尖锐，长8～12cm，花白色和粉红色。

分布：在西北、华北、华东、西南等地。

利用价值：作为观花观果乔木，是北方地区绿化、美化、香化的先锋树种。

124 红叶碧桃

Prunus persica Batsch f. *atorpurpurea* Schneid.

形态特征：为桃的变种。主要特点叶为紫红色，花为单瓣或重瓣，紫红色。

分布：许多品种都是变种和栽培变种，在北方各大城市都有引种栽培，宁夏银川市也表现非常好。

利用价值：属观赏桃。桃花烂漫纷飞，妩媚可爱。花繁密，栽培容易，故南北园林都应用。种植在山坡、水畔、石旁、墙际、庭院、草坪边俱宜。枝、叶、根也可入药。木材坚实致密，可作工艺用材。

125 蒙古扁桃
Prunus mongolica Maxim.

形态特征：落叶灌木，1.0～1.5 m，分枝多，树皮灰褐色，小枝暗红紫色，顶端有刺。叶近圆形、宽倒卵形、宽卵形或椭圆形，长5～15 mm，宽4～12 mm，先端圆钝或急尖，边缘具细圆钝锯齿，两面无毛，叶单生于短枝上，几乎无梗。花淡红，果扁卵形，密被柔毛。花期5月，果期6—7月。

分布：宁夏、甘肃、青海等省（区）。

利用价值：为极耐干旱树种，适合干旱山区造林。种子可榨油。

126 杏树
Prunus armeniaca Linn.

　　形态特征：落叶乔木，高10m，树皮紫红色，小枝淡褐色，光滑。叶广卵形或圆卵形，长5～10cm，先端突渐尖，基部心形或圆形，两面光滑，缘具细密钝锯齿，柄常带红色，具1～2腺。花单生白色或粉红色。果实圆形2～4cm，黄带红晕。

　　分布：东北、西北、西南、黑龙江、辽宁、吉林、河北、山东、山西、陕西、河南、甘肃、宁夏、四川、贵州、新疆等省（区）。

　　利用价值：果为北方主要水果，种仁中医用作镇咳祛痰。

127 山杏
Prunus armeniaca.var ansu Maxim.

形态特征：为杏的自然变种，与杏树区别仅叶基广楔形或截形。花常2，粉红色。果实小，直径1.5~2.0 cm，几圆形，红色，被绒毛，核游离边缘尖锐。

分布：辽宁、河北、内蒙古、山东、江苏、山西、陕西、甘肃、宁夏、青海等省（区）。

利用价值：果可食用，杏仁供药用。

128 稠李
Prunus padus. L.

形态特征：落叶小乔木，高5～8 m，树皮黑褐色，小枝棕褐色，无毛。单叶互生，叶长椭圆形，宽圆形，或倒卵形，长3～8 cm，先端锐尖或渐尖，基部宽楔形或圆形，边缘有尖锐细锯齿，上面绿色，有时被短柔毛，叶柄长6～15 cm，上端有2腺体。总状花序，疏花下垂，花瓣白色。核果近球形，黑色，核表面有弯曲沟槽。

分布：我国东北、华北、西北及山东，欧洲俄罗斯、蒙古、日本、朝鲜也有分布。

利用价值：观赏及蜜源植物。果可食用，花、果入药。木材可作建筑用材。

129 紫叶稠李
Prunus wilsonii

形态特征：高大落叶乔木，高20～30 m。单叶互生，叶缘有锯齿，近叶片基部有2腺体，初生叶绿色，叶背脉腋有白色簇毛，随温度升高逐渐转为紫红色，叶子都为紫红色或绿紫色，成为变色树种。总状花序，花白色。果球形1.0～1.2 cm，核果，果实紫红色光亮，7—8月成熟。

分布：原产于北美洲。我国黑龙江、内蒙古、河北、山西、陕西、青海、新疆能生长。

利用价值：树木高大，紫色叶鲜艳美丽，是公园、街道、居民区、城市园林绿化的优良树种。

豆科 Leguminosae
合欢属 *Albizia* Durazz.

130 合欢
Albizia julibrissin Durazz.

形态特征：落叶乔木，高16 m，树冠平顶形，嫩枝有毛，小枝无毛，具棱。二回羽状复叶，羽叶4~12对，小叶10~30对，镰状，条形至矩圆形，长6~12 mm。花序头状多数，呈伞房状排列，腋生成顶生，花淡红色，粉红，花萼管状。荚果条形。花期6月，果期8—10月。

分布：华北、东南、西南及辽宁、河北、陕西、山西、甘肃等省（区）。

利用价值：树姿优美，叶形雅致，盛夏绒花满树，有色有香，能形成轻柔舒畅的气氛。宜作庭荫树、行道树，可植于林缘、房前、草坪、山坡等地。树皮入药，木材纹理通直，质地细密，可供制家具、农具、车船用。

皂角属 *Gleditsia* Linn.

131 皂角
Gleditsia sinensis Lam.

形态特征：落叶乔木，高15~30 m，枝刺圆而有分枝。1回羽状复叶，小叶6~14枚，卵形或卵状椭圆形，叶端钝而具短尖头，叶缘有细钝锯齿。总状花序腋生。荚果较厚，偶果较长12~30 cm，黑棕色，被白粉。

分布：分布极广，中国北部、南部及西南均有分布。

利用价值：庭院绿化树种。果实富含皂质故而煎汁代替肥皂用。木材为很好的建材。

132 山皂角
Gleditsia jaonica Mig.

　　形态特征：落叶乔木，高20～30 m，枝扁刺，小枝紫色。1回或2回羽状复叶，小叶6～10对，纸质至厚纸质，卵形至卵状披针形，疏生钝齿或近全缘，萌芽枝上常为2回羽状复叶。花黄绿色，组成穗状花序。荚果带形，扁平，不规则旋扭或弯曲作镰刀状，先端具长5～15 mm的喙，果瓣革质，棕色或棕黑色，常具泡状隆起，无毛，有光泽；种子多数，椭圆形，深棕色，光滑。花期4—6月；果期6—11月。

　　生长特性：喜光，喜土层深厚，耐干旱，耐寒，耐盐碱，适应性强。

　　分布：辽宁、河北、山东、江苏、安徽、陕西等地。

　　利用价值：园林绿化、营造防护林及沿海营造海防林树种。木材为很好的建材。

紫穗槐属 *Amorpha* L.

133 紫穗槐
Amorpha fruticosa L.

形态特征：落叶灌木，高2～3 m，小枝红褐色，初被疏毛，后渐脱落。奇数羽状复叶，互生，长10～15 cm，叶轴上面具槽，疏被白色伏柔毛，小叶13～25，椭圆形，卵状圆形，全缘，上面暗绿色，无毛，背面淡绿色疏被柔毛及腺点。总状花序顶生，花序轴疏被白色柔毛。荚果，长圆形，弯曲，长7～9 mm，宽约3 mm，棕褐色，表面具瘤状腺点。

分布：原产北美，中国东北中部以南，华北、西北、南至长江流域均有栽培。

利用价值：为水土保持、固沙树种。亦为蜜源植物。

紫藤属 *Wisteria Nutt*

134 紫藤
Wistaria sinensis Sweet.

形态特征：落叶藤本，枝条为左旋性。小叶7～13，常长11，卵状片圆形至卵状披针形，长4.5～11.0 cm，叶基阔楔形，幼叶密生平贴的白色细毛，成长后无毛。总状花序长15～25 cm，花蓝紫色，长2.5～4.0 cm。荚果长10～25 cm，表面密生黄色绒毛，种子扁圆形。

分布：辽宁、内蒙古、河北、河南、江西、山东、江苏、浙江、湖北、湖南、陕西、甘肃、四川、广东等地。

利用价值：园林绿化中的棚架、门廊及庭院优良的绿化树种。

紫荆属 *Cercis* Linn.

135 紫荆
Cercis chinensis Bunge.

形态特征：叶近圆形，长6～14 cm，叶端急尖，叶基心形，全缘，两面无毛。花紫红色4～10朵簇生于老枝上。荚果长5～14 cm，沿腹线有窄翅。

分布：湖北西部、辽宁南部、河北、陕西、河南、甘肃、广东、云南、四川等地。

利用价值：园林绿化植物。木材纹理直，可供家具、建筑用。

刺槐属 *Robinia* Linn.

136 刺槐（洋槐）
Robinia pseudoacacia Linn.

形态特征：落叶乔木，高25 m，树皮灰褐色，深纵裂。奇数羽状复叶，小叶11～19对，矩圆形或椭圆形，长2～5 cm，全缘。总状花序，叶腋生，长10～20 cm，密被柔毛，花白色。荚果线状长椭圆形，长3～10 cm。

分布：原产北美。百年前引入我国，各地均有栽培。尤以黄河流域及华北、西北地区东部普遍栽培。

利用价值：北方干旱地区水土保持林、水源涵养林的主要造林树种之一，也是行道树、遮阴树的绿化树种。木材坚硬，可作农具、建筑等用材。

137 毛刺槐（江南槐）
Robinia hispida L.

形态特征：落叶灌木，高2 m，茎、小枝、花梗均有红色刺毛，托叶多变为刺状。小叶7~13，广椭圆形至近圆形，长2.0~3.5 cm。花粉红或紫红色，2~7朵呈稀疏总状花序。荚果长5~8 cm，具腺状刺毛。

分布：原产北美。我国东北南部及华北园林中常有栽培。

利用价值：花大色美，宜于庭院、草坪边缘、院路旁栽植观赏，可作庭院绿化植物。

槐属 *Sophora* Linn.

138 紫花槐
Sophora japonica L var.pubescens Bosse.

形态特征：为槐的变种，小叶15～17枚，叶背有蓝灰色丝状短柔毛。花的翼瓣和龙骨瓣常带紫色，花期迟，5—6月，果熟期9—10月。

分布：同本种，自东北南部至广东、广西、四川、云南、华北平原、黄土高原均有。

利用价值：为槐树的变种，花艳、花期迟，美化环境有极高的观赏价值。木材可供农具、家具、建筑等用。

139 蝴蝶槐（五叶槐）
Sophora japonica var.oligophylla Feanch

形态特征：落叶乔木。小叶3～5簇生，顶生小叶常三裂，侧生小叶下部常有大裂片，叶背有毛。花期6—8月，花黄绿色；果期9—11月，果绿色。

生长特性：在石灰性、酸性及轻盐碱土上均可正常生长。耐烟尘，耐阴，喜干冷气候。

分布：原产中国北部，北自辽宁，南至广东、台湾，东至山东，西至甘肃、云南、四川均有栽培。

利用价值：能适应城市街道环境，对二氧化硫、氯气、氯化氢均有较强的抗性。木材稍硬、坚韧，耐水湿，富有弹性，可供建筑、车辆、家具、造船、农具、雕刻等用。

140 盘槐
Sophora japonica Linn. var. *pendula*

形态特征：是国槐的芽变品种，落叶乔木，为槐属栽培变种。粗枝扭转斜向下方弯曲，小枝下垂，树冠成伞形，为庭院绿化树种。

生长特性：喜光、稍耐阴、能适应干冷气候。

分布：同槐树本种，原产我国北部，北自辽宁，南至广东、台湾，东起山东，西至甘肃、四川、云南。

利用价值：树冠优美，花芳香，是行道树和优良的蜜源植物。花和荚果入药，有清凉收敛、止血降压作用；叶和根皮有清热解毒作用，可治疗疮毒。木材供建筑用。

141 国槐
Sophora japonica Linn

形态特征：落叶乔木，高25 m。奇数羽状复叶，7~17对，卵圆形、长圆形。顶生圆锥花序，花黄白色。荚果长2.5~8.0 cm，圆筒形，肉质不裂，有种子1~6粒。

分布：原产我国。自东北南部至广东、广西、四川、云南、台湾、华北平原、黄土高原常见栽培。

利用价值：普遍栽植庭院、宅旁。树冠宽广，树姿优美，抗烟尘及有毒气体，宜作行道树及遮阴树，是矿区良好的绿化树种。木材稍硬、坚韧、耐水湿，富弹性，可供建筑、车辆、家具、造船、农具、雕刻等用。

142 金枝槐
Sophora japonica 'Golden stem'

形态特征：落叶乔木，为国槐的变种，树茎、枝一年生为淡黄绿色，入冬后渐转黄色，二年生树，枝为金黄色，树皮光滑。叶互生，6~16片组成羽状复叶，叶椭圆形，长2.5~5 cm，光滑，淡黄绿色。

生长特性：耐旱、耐寒能力强，能耐−30℃低温，耐盐碱、耐瘠薄，在酸性到碱性地生长。

分布：同本种，自东北南部至广东、广西、四川、云南、华北平原、黄土高原均有。

利用价值：木材稍硬、坚韧，耐水湿，富弹性，可供建筑、车辆、家具、造船、农具、雕刻等用。有很高的观赏价值。

锦鸡儿属 *Caragana* Fabr

143 树锦鸡儿
Caragana arborescens Lam.

　　形态特征：高大灌木或小乔木，高2～5 m，树皮光滑有光泽，绿灰色，长枝上的托叶有时宿存并硬化成粗壮的针刺。叶轴红庱，上面有沟，小叶8～14对，羽状复叶，花黄色。荚果条形，长3.5～6.5 cm。

　　分布：东北、华北、西北各省（区）。

　　利用价值：宜植于庭院观赏及作绿篱植物，也可作水土保持树种。植物枝叶可作饲料、绿肥。

144 柠条锦鸡儿（毛条）
Caragana korshinskii Kom.

形态特征：落叶灌木，高1.5～3 m，枝条淡黄色，长枝上的托叶宿存硬化成针刺。叶轴长3～5 cm，幼时被短毛，小叶5～10对，羽状排列，无叶柄，倒卵状椭圆形或长椭圆形，长6～10 mm，先端圆或急尖具刺尖，两面被短伏毛。花单生，花冠黄色。荚果长2～3 cm，红褐色。

分布：内蒙古、甘肃、宁夏等省（区）。

利用价值：水土保持、防风固沙树种。枝叶可作饲料、绿肥。

145 小叶锦鸡儿（柠条）
Caragana microphylla Lam

形态特征：落叶灌木，高50～70 cm，老枝黑灰色，幼枝淡黄或黄白色，疏生短柔毛，长枝上的托叶刺宿存，并硬化成针刺，刺长7～10 mm，较粗壮。叶轴长3～5 cm，上面具浅沟槽，被短毛，小叶6～10对，羽状排列，宽倒卵形或三角状宽，倒卵形，长4～8 mm，先端截形或凹，具小刺尖，基部宽楔形，两面疏被短伏毛。花单生，荚果圆筒形，长4 cm。

分布：我国东北、华北、西北等（区），宁夏麻黄山分布在干旱山坡。

利用价值：水土保持、防风固沙树种。枝叶可作饲料。

胡枝子属 *Lespedeza* Michx.

146 胡枝子
Lespedeza bicolor Turcz.

形态特征：直立灌木，高3m，分枝细长而多，有棱脊，微有平伏毛。叶羽状三出复叶，叶卵形或卵状椭圆形，倒卵形，3～6cm，叶端钝或微凹，有小尖头，叶基圆形，叶表疏生伏毛，叶背灰绿色，毛略密。总状花序，花冠红紫色。荚果斜卵形。花期8月，果熟期9—10月。

分布：东北、内蒙古、河北、山西、陕西、河南，甘肃、宁夏等地，朝鲜、俄罗斯、日本也有。

利用价值：花期长，为优良的夏、秋季观花灌木，宜植于庭院、草坪、假山等地，也是固沙护岸、水土保持的造林树种。

沙冬青属 *Ammopiptanthus* Cheng f.

147 沙冬青
Ammopiptanthus mongolicus (Maxim.) Cheng f.

形态特征：常绿灌木，高1.5~2.0 m。枝黄绿色，幼时被白色短伏毛，密被毛。小叶无柄，长椭圆形，倒卵状椭圆形，长2~4 cm，先端急尖，或钝圆，稀微凹，全缘，两面密生银白色短柔毛。总状花序顶生，花冠黄色。荚果长椭圆形，扁平长5~6 cm，尖端具喙。

分布：我国内蒙古、甘肃、宁夏等省（区）。

利用价值：防风固沙植物。枝叶可入药。

岩黄芪属 *Hedysarum* L.

148 花棒
Hedysarum scoparium Fisch.

形态特征：灌木，高2m，多分枝，树皮黄色，呈纤维状剥落，小枝淡绿色，具纵沟棱，疏被平伏柔毛。奇数羽状复叶，植株下部的叶具小叶7～11，上部叶具少数叶或小叶全部退化而仅具叶轴，小叶披针形或线状披针形，10～30 mm，先端渐尖或锐尖，具小尖头，托叶三角形。总状花序，叶腋生，花冠紫红色。荚果。

分布：内蒙古、甘肃、青海、宁夏、新疆等省（区）。

利用价值：良好的防风固沙植物，亦可作饲用植物。

凤凰木属 *Delonix* Raf.

149 凤凰木
Delonis regia（Bojea）Raf

形态特征：落叶乔木，高达20 m，2回羽状偶数复叶，长20~60 cm，小叶长椭圆形，伞房状。总状花序，花大红色。荚果木质，带形，扁平，长30~60 cm，稍弯曲。

生长特性：热带树种，不耐寒，冬季温度不低于10℃，较耐干旱，怕积水。

分布：原产非洲马达加斯加，热带、亚热带地区，中国台湾、海南、福建、广东、广西、云南等省引种栽培。

利用价值：树冠宽阔，叶形如鸟羽，有轻柔之感，花大而色艳，初夏开放，满树如火，与绿叶相映更为美丽。在华南各城市多栽作庭荫树及行道树。

芸香科 Rutaceae

柑橘属 *Citrus* L.

150 柑橘
Citrus reticulata Blanco

形态特征：常绿灌木或小乔木，小枝有棱，有刺或无。叶互生革质，叶披针形或卵状披针形，长5.5～8.0 cm，两面光滑，全缘或具细小钝齿。花白色，果橙色或橙红色。

分布：湖南、湖北、四川、江苏、浙江、广东、广西、云南、台湾等南方各省及陕西、甘肃北方各省份。

利用价值：中国著名果树之一。柑橘四季常青，枝条茂密，春季满树盛开香花。秋冬黄果累累，黄绿色彩相间极为美丽，也可供庭院、绿地及风景区栽植，既有观赏效果，又可获得经济收益。

151 柚子
Citrus grandis (L.) Osbeck

形态特征：常绿小乔木，高5～10 m，小枝有毛，刺较大。叶卵状椭圆形，长6～17 cm，叶缘有钝齿，叶柄具宽大倒心形翼。花白色，单生或簇生叶腋。果大，球形、扁球形或梨形，直径15～25 cm，果皮平滑，淡黄色。

分布：原产印度，我国南方均有栽培，广东、广西、云南、贵州、四川、福建、浙江等省（区）。

利用价值：中国著名果树之一。柑橘四季常青，枝条茂密，春季满树盛开香花。秋冬黄果累累，黄绿色彩相间极为美丽，也可供庭院、绿地及风景区栽植，既有观赏效果，又可获得经济收益。

黄檗属 *Phellodendron Rupr.*

152 黄檗（黄菠萝）
Phellodendron amurense **Rupr.**

形态特征：落叶乔木，高达22 m，树皮厚，淡灰色，木栓质发达。奇数羽状复叶，卵状椭圆至卵状披针，长5～12 cm，叶端长尖，叶基不对称，叶缘有小锯齿。花小，黄绿色。核果球形，黑色。

分布：我国小兴安岭南坡、长白山、河北北部、朝鲜、俄罗斯、日本均有分布。国家濒危保护物种。

利用价值：木材坚实而有弹性，纹理十分美丽而有光泽，耐水、耐腐、不变形，加工容易，是制造高级家具、飞机、造船、建筑及胶合板的良材。树皮入药，种子可榨油。良好的蜜源植物。

苦木科 Simaroubaceae
臭椿属 *Ailanthus* Desf.

153 臭椿
Ailanthus altissima (Mill.) Swingle

形态特征：落叶乔木，高20m，树皮灰色。奇数羽状复叶，小叶13～25对，卵状披针形，先端长渐尖，基部长，不对称，边缘浅波状，近基部有1～2对粗齿，齿端下具1腺体。圆锥花序，12～18 cm。翅果长圆状椭圆形。

分布：我国几乎各省区都有分布。朝鲜、日本也有。

利用价值：木材轻韧有弹性，不易翘，纹理直，易加工有光泽。可供农具、家具、建筑等用。种子可榨油；根皮可入药，用以杀蛔虫、治痢、去疮毒。也可作水土保持、防护林树种。

楝科 Meliaceae

楝属 *Melia* Linn.

154 楝树
Melia azedarach L.

形态特征：落叶乔木，高15~20 m，枝条广展，树冠近于平顶，树皮暗褐色，浅纵裂，皮孔多而明显，幼枝有星状毛。叶互生，2~3回奇数羽状复叶，小叶卵形或卵状长椭圆形，缘有锯齿或裂。花两性，有芳香，淡紫色，长约1 cm，圆柱状复聚伞花序。核果近球形，径1.0~1.5 cm，熟时黄色宿存树枝。

分布：华北以南至华南、西至甘肃、四川、云南均有分布，印度、巴基斯坦、缅甸等国也有。

利用价值：木材轻软，纹理直，易加工，可供农具、家具、建筑、器乐等用。种子可榨油，供制油漆、润滑油。树皮、叶和果实均可入药；根皮入药，用以杀蛔虫、治痢、去疮毒。也可作水土保持、防护林树种。

香椿属 *Toona* Roem.

155 香椿
Melia sinensis（A.juss.）Roem.

形态特征：落叶乔木，高达25 m，树皮暗褐色，条片状剥落。叶痕大，扁圆形，偶数羽状复叶，有香气，小叶10～20，长椭圆形至广披针形，长8～15 cm，先端渐尖，基部不对称，全缘，或具不明显钝锯齿。花白色，富香气，钟状，径3.3～5.0 mm，呈顶生圆锥花序。蒴果，长椭圆球形，木质前段5裂。

分布：原产中国中部，现辽宁南部、华北至东南和西南各地均有栽培。

利用价值：四旁绿化树种。嫩叶可食用。木材是家具、建筑、造船等优质用材。

大戟科 Euphorbiaceae
乌桕属 *Sapium* P. Br.

156 乌桕
Sapium sebiferum Roxb.

形态特征：落叶乔木，高达15 m，树皮暗灰色，浅纵裂，小枝纤细。叶互生，纸质，菱状广楔形，全缘，两面均光滑无毛，叶柄细长，顶端有2腺体。花序穗状，顶生，长6~12 cm，花小，黄绿色。蒴果，三棱状球形，3裂，果皮脱落，种子黑色，外被白蜡。

分布：主要分布在长江流域及珠江流域，浙江、湖北、四川等省较集中，日本、印度也有。

利用价值：为重要工业油料树种，种子、根、皮及叶可入药。

黄杨科 Buxaceae
黄杨属 *Buxus* L.

157 黄杨（瓜子黄杨）
Buxus sinica (Rehd et Wils)

形态特征：常绿灌木或小乔木，小枝及冬芽鳞均有短柔毛。叶倒卵形、倒卵椭圆形，长2.0~3.5 cm，先端圆形或微凹，基部楔形，叶柄及叶背中脉基部有毛。花簇生，叶腋或枝端黄绿色。花期4月，果期7月成熟。

分布：中国中部久经栽培。

利用价值：可以用作庭园绿化、绿篱以及基础种植材料。木材坚实致密、黄色，供雕刻等细木工用材。根、茎、叶供药用。

158 雀舌黄杨 （细叶黄杨）
Buxus bodiniari Levl.

形态特征：常绿灌木，高1.0～1.5 m，分枝多而密集。叶较狭长，倒披针形，或倒卵状长椭圆形，长2～4 cm，先端钝或微凹，革质，有光泽，两面中肋及侧脉稍明显隆起，叶柄极短。花小，黄绿色，成短穗状花序，顶部生一雌花，其余为雄花。蒴果卵圆形，顶端具三宿存三角状花序，成熟时紫黄色。花期4月，果7月成熟。

分布：产于华南。

利用价值：植株低矮，枝叶茂密，是优良的绿篱植物。最适宜布置模纹图案及花坛边缘，适宜点缀草地、山石或与落叶花木配植，也可盆栽或制成盆景观赏。

漆树科 Anacardiaceae
黄栌属 Cotinus（Tourn.）Mill.

159 黄栌
Cotinus coggygria Scop.

形态特征：落叶小乔木，高5~8m，树冠圆形，小枝紫褐色。单叶互生，倒卵形，长3~8cm，先端圆或微凹，全缘无毛，或仅背面脉上有短柔毛。花小，黄绿色，成顶生，圆锥花序，有多数不育花，紫绿色，羽毛状细长，花梗宿存。核果小，肾形，扁平。花期5—6月，果期7—8月。

分布：原产中国西南。华北和浙江，叙利亚、伊朗、巴基斯坦及印度北部也有。

利用价值：重要的红叶观赏树种，荒山造林先锋树种。木材可作家具和雕刻。树皮及叶可提制栲胶。枝叶入药，能消炎、消湿热。可作绿化景观树。

160 红栌（紫叶黄栌）
Cotinus coggygria var purpurens **Rehd.**

形态特征：为黄栌的变种，叶紫色，花序有暗紫色毛。

分布：日本种。

利用价值：叶色紫红鲜艳，可作绿化景观树。木材可提制黄色染料，也是良好的家具及雕刻用材。树皮及叶可提制栲胶；枝叶入药，能消炎、消湿热。

漆树属 *Rhus* L.

161 火炬树
Rhus Typhina Nutt

形态特征：落叶灌木，高10 m，雌雄异株。树皮黑褐色，有不规则纵裂，枝具灰色绒毛，幼枝黄褐色。叶互生，奇数羽状复叶，小叶11～23对，披针形，先端逐尖，缘有锯齿，幼时均被茸毛。顶生直立圆锥花序，花柱具红色绒毛，聚为紧密的火炬形果穗，秋后叶变红色。

生长特性：耐旱、耐寒、耐盐碱。根蘖力强，是北方地区水土保持林及固造沙林的优选树种。

分布：原产北美洲。我国河北、河南、山西、宁夏均有引种栽培。

利用价值：秋天叶和花序呈红色，有极好的观赏价值，也是园林绿化的树种。木材具绿色花纹可作细木工及装饰用料。树皮内层可作止血药，种子可榨油。

盐肤木属 *Rhus* L.

162 盐肤木
Rhus chinensis Mill.

形态特征：落叶灌木或小乔木，高8m，小枝淡黄色，密被短柔毛，具皮孔。奇数羽状复叶，具小叶7～13对，总叶柄和轴常具明显宽翅，密被灰黄色短柔毛，小叶卵形或卵状椭圆形。花乳白色，或顶生圆锥花序。核果圆形，橙红色、红色。

分布：辽宁、河北、山东、山西、河南、甘肃、浙江、广东、广西、贵州、云南等省（区）。

利用价值：我国重要的经济树种。秋叶变红，叶黄色，颇为美观，可用于园林绿化，有观赏价值。主要供药用，为收敛剂，有止血作用。树皮含单宁为染料、鞣革、塑胶等工业原料。种子可榨油，供制作肥皂、润滑油等。

冬青科 Aquifoliaceae

冬青属 *Ilex* L.

163 枸骨（老虎刺）

Ilex cornuta Lindl. et Paxt.

形态特征：常绿灌木或小乔木，高3~8 m，树皮灰白色，平滑。叶片厚，革质，两型，四方状，长圆形而具宽，三角形，先端有硬针刺的齿，全缘，3~8 cm，每边具1~5硬针刺。花序簇生叶腋，果球形，红色。

分布：产于我国长江中下游，各地庭园常有栽培。朝鲜也有分布。

利用价值：枸骨枝叶稠密，叶形奇特，深绿光亮，入秋红果累累，经冬不凋，鲜艳美丽，是良好的观叶观果树种，又是很好的绿篱栽培植物。枝、叶、树皮及果是滋补强壮药；种子榨油可制肥皂。

164 大叶冬青
llex latifolia Thuns

形态特征：常绿乔木，高20 m，树皮灰褐色，无毛，小枝粗壮，黄褐色，有纵裂纹和棱。叶片厚革质，长圆形或卵状长圆形，长8～28 cm，宽4.5～7.5 cm，尖端短渐尖或钝，边缘有疏锯齿，中脉上面凹入，下面强隆起，侧脉上面明显，深绿有光泽，花序簇生叶腋。花序每枚有1～3花。果红色球形，直径7 mm。花期4、5月，果期6—11月。

分布：长江流域各省及福建、广东、广西。日本也有。

利用价值：叶和果作药用。也可用庭园绿化树种。

卫矛科 Celastraceae
卫矛属 *Euonymus* L.

165 陈西卫矛（金丝吊蝴蝶）
Euonymus schensianus Maxim.

形态特征：落叶灌木或小乔木，枝条光滑圆筒状，稍下垂。叶披针形或线状披针形，顶端急尖或长渐尖，基部狭楔形，缘密生细齿，两面光滑。聚伞花序，总花梗5~7 cm。果实长10 cm以上，花绿色4出，蒴果，翅长1.2~1.5 cm，红色，端钝圆。

分布：陕西、甘肃、湖北、四川等省。

利用价值：优良的秋季观果植物，园林中可作庭院观赏树种，孤植或制作树桩盆景。具有很高的观赏价值。

166 栓翅卫矛
Euonymus phellomanus Loes.

形态特征：落叶灌木，高4 m，常具四纵裂，淡黄色、褐色木栓质翅。叶对生，短圆形，短圆披针形，长6~10 cm。聚伞花序腋生，花绿白色，假种皮，橘红色。粉红色蒴果，具四棱。

生长特性：耐寒、耐旱。

分布：河南、陕西、甘肃、湖北、四川、宁夏等地。

利用价值：美化环境庭园绿化的优良树种。具翅，枝条可作"鬼见羽"入药。

167 胶东卫矛
Euonymus kiautshovicus Loes.

形态特征：直立或蔓性半常绿灌木，高3~8 m，基部枝条匍地并生根。叶薄，革质，椭圆或至倒卵形，长5~8 m，先端渐尖或钝，缘有锯齿。花浅绿色，成疏散之二歧聚伞花序。蒴果，扁球形，粉红色，径约1 cm，4纵裂。

分布：山东、江苏、安徽、江西、湖北等省。

利用价值：叶色油绿光亮，入秋红艳可爱，又有较强之攀援能力，在园林绿化中用以掩覆墙面、坛缘，均极美观，也可盆栽观赏；将其修剪成悬崖式、圆头形等，用作室内绿化颇为雅致。

168 矮卫矛
Euonymus nanus Bieb.

形态特征：矮小灌木，高30～100 cm，小枝淡绿色，无毛，具条棱。叶线形或线状矩圆形，三片轮生，互生或有时对生，长1.0～3.5 cm，宽1.5～3.0 mm，先端圆钝或急尖，具1小尖头，全缘或疏生钝锯齿，常反卷，叶脉下面明显隆起，叶柄短。聚伞花序叶腋生，具1～3朵花。蒴果近球形，成熟时紫红色，4瓣开裂。

分布：产宁夏六盘山、贺兰山。分布于内蒙古、山西、陕西、河南、湖北、甘肃、青海、四川等省（区）。

利用价值：植株矮小，果红色，可在庭园绿化中作观赏植物。

169 金边黄杨
Euonymus japonicus Thunb. var *aureo-variegata* Rog.

形态特征：为大叶黄杨的变种，主要叶中脉附近金黄色。有时叶柄及枝端也变为黄色。

分布：原产日本南部；中国南北各地均有栽培，长江流域各市尤多。

利用价值：枝叶茂密，四季常青，可作庭园绿化观赏植物。

170 金心黄杨
Euonymus japonicus Thunb.var. *aureo-variegata* Rog.

形态特征：为大叶黄杨的变种，主要叶中脉附近金黄色。有时叶柄及枝端也变为黄色。

分布：原产日本南部。中国南北各地均有栽培，长江流域各市尤多。

利用价值：枝叶茂密，四季常青，可作庭园绿化观赏植物。

171 丝绵木（白杜、明开夜合）
Euonymus maackii Rupr.

形态特征：落叶小灌木，高4～6 m，小枝灰绿色，对生，圆柱形或微具纵棱。叶对生卵形，卵状椭圆形至卵状披针形，先端渐尖，基部近圆形，边缘具细锯齿。聚伞花序腋生，1～3次分枝，具花10～20朵，花淡绿色。蒴果侧生锥形，4浅裂。

分布：我国东北、华东、华中，宁夏作庭园绿化树种。

利用价值：枝叶秀丽，粉红色蒴果悬挂枝头很是美观，是很好的园林绿化及观赏树种。树皮及叶均含硬橡胶，种子可榨油供工业用。木材白色，细致，可供雕刻等细木工用。

172 大叶黄杨
Euonymus juponicus Thunb.

形态特征：常绿灌木或小乔木，高8m，小枝绿色稍四棱形。叶革质而有光泽，椭圆形至倒卵形，长3~6cm，先端尖或钝，基部广楔形，缘有细锯齿，两面无毛，叶柄长6~12cm。花绿白色4枚，5~12朵成密集聚伞花序，腋生枝条端部。蒴果近球形，径8~10mm，淡粉红色，熟时4瓣裂，假种皮橘红色。

分布：原产日本南部。中国南北各地均有栽培，长江流域各城市尤多。

利用价值：枝叶茂密，四季常青，园林中常用作绿篱及背景树植材料。对有毒气、烟尘有很强的抗性，是街道绿化和工厂绿化的好材料。

南蛇藤属 *Celastrus* L.

173 南蛇藤
Celastrus orbiculatus Thunb.

形态特征：落叶藤状灌木，长达12 m，皮孔圆形，隆起髓心白色充实。叶倒卵状矩圆形，近圆形，3~8 cm，先端钝，有突尖，花黄绿色，腋生聚伞花序。蒴果球形黄色，成熟时3瓣开裂，种子红色。

分布：我国东北、华北、西北、西南、华中、华东均有。朝鲜、日本、俄罗斯也有分布。

利用价值：枝条缠绕在植株上蒴果黄色，外包肉质红色假种皮非常美观，可作园林绿化树种。根、茎、叶均可入药，有活血、行气、消肿解毒等功效。茎皮可制优质纤维，种子可榨油，供工业用。

槭树科 Aceraceae

槭树属 *Acer* Linn.

174 红枫
Acer palmatum 'Atropurpureum'

形态特征：本种为鸡爪槭原种的栽培变种。生态习性、也同鸡爪槭，叶常年红色或紫红色。

分布：与原种鸡爪槭相同，并引种范围不断在扩大。

利用价值：庭院绿化、美化环境观赏用树种。

175　鸡爪槭
Acer palmatum Thunb 'Linecarilobum'

形态特征：本种为鸡爪槭原种的栽培种。生态习性相同，叶掌状深裂几达基部，裂片线形，缘有疏齿或全缘，叶终年绿色或红色。

分布：产中国、日本和朝鲜。中国分布在长江流域各地，山东、河南、浙江也有。

利用价值：树姿婆娑，叶形秀丽，且有多种园艺品种，有些常年红色，有些平时为绿色，但入秋叶色变红，色艳如花，均为珍贵的观叶树种。枝叶可药用，能清热解毒、行气、止痛，治关节痛、腹痛等症。木材可供细木工用材。

176 线裂鸡爪槭
Acer Paimatum Thunb 'Linecarilobum'

形态特征：本科为鸡爪槭原种的栽培种，生态习性相同，叶掌状深裂几达基部，裂片红色，缘有疏齿或全缘，叶有终年绿色或红色。

分布：产中国、日本和朝鲜；中国分布在长江流域各地，山东、河南、浙江也有。

利用价值：园林绿化、观赏树种。

177 庙台槭
Acer miaotaiense P. C.Tsoong

形态特征：落叶乔木，高15～18 m，幼枝红褐色或灰色，老枝木栓层而纵裂。叶卵状三角形，常5浅裂，长6.5～11.0 cm，先端钝或短渐尖，基部心形，缘波状。花序伞房状。翅果水平展开，小坚果扁平，近圆形。

分布：甘肃小陇山林区等地。为国家濒危保护树种。

利用价值：可作水土保持、水源涵养林造林树种，叶形、树枝较特殊，也可作园林绿化观赏树种。

178 茶条槭
Acer ginnala Maxim.

形态特征：落叶乔木，小枝光滑粉红色。叶3裂，长3~8 cm，中间裂片极长，卵状长圆形，缘具不规则复锯齿。花淡黄色，伞房状圆锥花序。坚果光滑，翅红色，平行，连坚果长2.5~2.8 cm。

分布：黑龙江、吉林、辽宁、内蒙古、河北、陕西、山西、河南、甘肃、宁夏等省（区）。

利用价值：花清香，夏季果翅红色美丽，秋叶又变成鲜红色，作园林绿化树种，有观赏价值。嫩叶可代茶，有明目之功效；种子榨油供制肥皂。木材可作细木工用。

179 细裂槭
Acer stenolobum Rehd.

形态特征：落叶乔木，小枝暗红色，光滑。单叶，深3裂，近三出叶，具三主脉，叶长2.0～4.5 cm，狭椭圆形或披针形，侧生二裂，近水平开展，缘具不规则锯齿，主脉有疏柔毛。花小，淡黄绿，伞房花序。坚果连翅长1.7～2.0 cm，呈锐角展开，两翅近平行。

分布：陕西、山西、甘肃等省（区）。

利用价值：可作水土保持、水源涵养林造林树种。木材可供家具、农具、建筑等用。

180 大叶细裂槭
Acer stenolobum Rehd. var. *megalophyllum* Fang et Wu

形态特征：落叶乔木，为细裂槭的变种。叶比原种大，叶长7~8 cm，叶裂片宽1.5~1.8 cm。翅果较大，长2.5~2.8 cm，张开呈锐角或近直角。

分布：陕西、山西、甘肃等省（区）。

利用价值：可做水土保持林、水源涵养林造林树种。木材可供家具、农具、建筑等用材。

181 五角枫（五角枫地锦槭、五角槭、色木）

Acer mono Maxim

形态特征：落叶乔木，高20 m。叶通常5裂，单叶对生，长7 cm，宽5 cm，5裂达1/3，基部心形，裂片三角形，先端渐尖，全缘无毛，主脉5掌状。伞房花序顶生。翅果，小坚果扁平，翅为坚果的2倍，长达2 cm，翅钝角张开。

分布：黑龙江、吉林、辽宁、内蒙古、河北、山西、山东、浙江、河南、江西、湖北、四川、云南、陕西、甘肃等省（区）。

利用价值：树形优美，叶果秀丽，入秋叶色变为红或黄色，宜作庭园绿化树种；也可用作庭荫树、行道树或防护林树种；也可作为水土保持、水源涵养林混交林树种。木材坚韧细致，可供家具及细木工用。种子可榨油。

182 元宝枫（平基槭、华北五角槭、色树、元宝树、枫香树）

Acer truncatum Bunge

形态特征：落叶小乔木，高8 m。单叶，掌状5深裂，基部截形，长6～9 cm，裂片三角形，渐尖。裂深叶片一半，全缘，仅脉腋具褐色簇毛，5主脉。花淡黄色，绿色，直立伞房花序。坚果光滑，长约1.5 cm，翅果连坚果共长约3 cm，成直角或锐角开展。

分布：辽宁、内蒙古、河北、山西、山东、江苏、河南、陕西、甘肃等省（区）。

利用价值：四旁绿化的优良树种。木材淡黄色，质坚韧，是作家具、农具的良材。种子可榨油，树叶、果翅可作饲料。

183 复叶槭
Acer negundo L.

形态特征：落叶乔木，高15 m。叶为奇数羽状复叶，小叶3~5对，卵圆形披针长圆形，长5~10 cm，边缘具粗锯齿，顶生小叶三裂。花雌雄异株，黄绿色，伞房状花序。翅果扁平，两翅向内稍弯曲并展开成锐角。

分布：原产北美，全国各地引种栽培。

利用价值：枝叶茂盛，入秋叶金黄色颇为美观，宜作林荫树、行道树及防护林树种。木材可作家具及细木工用材，树液可制糖，树皮可供药用。

184 挪威黄金枫别名（挪威槭）、普林斯顿黄金枫
Acer platanoides 'Princeton Gold'

形态特征：落叶乔木，株高9~12 m，树冠卵圆形，树皮表面有细长的条纹，质地粗糙。叶片光滑、大，秋季叶片呈黄色。雌雄异株。花黄色伞形，花序5~7 cm，先花后叶。

生长特性：喜光，对土壤适应性广，耐干旱，较耐寒，可耐 −12.3~−40.0℃的低温。1997年湖南省林科院引进，属国家一级保护树种，挪威黄金枫属苏联俄罗斯黄金枫的变异杂种。

分布：欧洲、高加索山脉，土耳其北部和北爱尔兰。我国湖南省浏阳市有引种栽培。

利用价值：秋季树叶金黄色非常美丽，可作园林绿化的观赏树种。

185 葛萝槭
Acer grosseri Pax in Engl

形态特征：落叶乔木，高达15 m。小枝绿褐色，光滑。叶卵形或卵圆形，基部心形长6~9 cm，宽3.5~7.5 cm，上部三裂，中间裂片三角状急尖，开展，缘具紧贴锯齿。果序总状，下垂，长5~9 cm，果连翅长2.0~2.5 cm，翅近水平，平展。花期5月下旬，果成熟8—9月。

分布：浙江、安徽、河北、河南、陕西、甘肃、湖北、湖南等省。

利用价值：水土保持及庭园绿化树种。木材可作家具、农具、建筑用材。

186 三角枫
Acre buergerianum Miq.

形态特征：落叶小乔木，高5~10 m，老枝红褐色，幼枝密被白色绒毛。叶上部三裂，卵状三角形、倒卵形，长4~10 cm，宽2.5~6.0 cm，基部宽楔形，裂片三角形，全缘或略具不规则细锯齿，基出脉3。伞房花序，顶生，花黄绿色。翅果长2.5 cm，翅长1.5~2.0 cm，黄褐色。

分布：甘肃、山东、江苏、安徽、浙江、江西、河北、河南、广东等地。

利用价值：为优良的观赏树种，是良好的园林绿化和水土保持树种。材质优良，可作家具、农具用材。种子可榨油。

187 青榨槭
Acre davidii Fr. in Nouv.

形态特征：落叶乔木，高达15m。树皮淡绿色，常纵裂呈青蛙皮状，小枝光滑，淡红褐色，具条纹。叶卵形或卵状长圆形，先端尖基部心形或圆形，具有不明显的3~5主脉，叶长8.5~11.0cm，宽3.7~6.5cm，正面暗绿，光滑，背绿色。雄花呈下垂状花序，花瓣5，呈淡黄色或淡黄白色。坚果光滑连翅共长2.5~3.0cm，翅宽8mm，常成纯角或水平开展。花期4—5月，果熟期8—9月。

分布：河北、山西、河南、浙江、江苏、安徽、甘肃、西藏、湖北、四川、江西、福建、贵州、云南、广东、广西等省（区）。

利用价值：木材为建筑用材。树皮为优良的造纸和人造棉原料，还可提取栲胶。

七叶树科 Hippocastanaceae
七叶树属 *Aesculus* Linn.

188 七叶树
Aesculus chinensis Bge.

形态特征：落叶乔木，高25 m。掌状复叶，具小叶5~7，长圆状披针，倒卵状长圆形，长9~16 cm，先端渐尖，叶下面仅中脉、侧脉基部被疏柔毛。圆锥花序，圆筒状，花白色。蒴果，圆状倒卵形。

分布：河北、河南、山西、陕西等省。

利用价值：树干耸直，树冠开阔，姿态雄伟，叶大而形美，遮阴效果好，是世界著名的观赏树种之一，宜栽作庭荫树及行道树。种子可入药，有理气解郁之效，种子榨油可作肥皂等。木材细致、轻软，可作工艺及家具等用材。

无患子科 Sapindaceae
栾树属 *Koelreuteria* Laxm.

189 全缘叶栾树（黄山栾）
Koelreuteria integriflia Merr

形态特征：落叶乔木，高17～20 m，树皮暗灰色，片状剥落，小枝暗棕色，密生皮孔。2回羽状复叶，长30～40 cm，小叶7～10，长椭圆状卵形4～10 cm，先端渐尖，基部圆形或广楔形，全缘或偶有锯齿，两面无

毛，或背脉有毛。花黄色，顶生圆锥花序。蒴果椭球形，顶端钝而有短尖。

分布：江苏南部、浙江、安徽、江西、湖南、广东、广西等省（区）。

利用价值：枝叶茂密，冠大荫浓，初秋开花，金黄夺目，不久就变成淡红色好似灯笼的果实挂满枝头，十分美丽。宜作庭荫、行道树及园林景观树栽培，也可在居民区、工矿区及农村"四旁"绿化。木材坚硬，可供建筑等用。根、花可供药用。种子可榨油，供工业用。

190 栾树
Koelreuteria paniculata Laxm.

　　形态特征：落叶乔木，高10 m。羽状复叶，有时2回或不完全2回羽状复叶，小叶7~15对，对生或互生，卵形或卵状披针形，缘有不规则锯齿或羽状深裂呈2回羽状复叶。圆锥花序，长25~40 cm，被短柔毛，花淡黄色。蒴果卵形。

　　分布：吉林、辽宁、河北、山东、河南、山西、浙江、江苏、安徽、甘肃、四川、福建、陕西等省（区）。

　　利用价值：春季嫩叶多为红色，入秋叶色变黄。夏季开花，满树金黄十分美丽，是理想的绿化、观赏树种。可做庭荫树、行道树及园林景观树，也可用作防护林、水土保持林及荒山绿化树种。木材可作板材、家具等。叶可提制烤胶，花作染料，种子榨油。

文冠果属 *Xanthoceras* Bunge

191 文冠果
Xanthoceras sorbifolia Bunge

形态特征：落叶小乔木或灌木，高8 m，并丛生状，树皮灰褐色，粗糙，小枝幼时褐色，有毛。奇数羽状复叶，互生，小叶9～19对。对生或近对生，长椭圆形至披针形，长3～5 cm，先端尖，基部楔形，缘有锯齿，背面疏生星状毛，黑色。花单性，5瓣，白色。蒴果椭球形，径4～6 cm，种子球形，1 cm。

分布：原产中国北部，河北、山东、山西、陕西、河南、甘肃、宁夏、内蒙古、辽宁等省（区）有分布。

利用价值：花序大而花朵密，用于庭院、城市绿化，耐旱耐寒，宜用于荒山造林、水土保持树种。种子可榨油，是优良的木本粮油树种。

鼠李科 Rhamnaceae
枣属 *Ziziphus* Mill.

192 龙枣
Zizphus jujuba Mill. 'Tortuosa'

形态特征：为枣的栽培种。枝及叶柄均卷曲，果小，质差，生长缓慢。

分布：同原种，全国各地广泛栽培，主产于黄河流域各省（区）。

利用价值：用于园林绿化庭院观赏。常与酸枣为砧木嫁接繁殖。

193 枣
Zizphus jujuba Mill.

形态特征：落叶乔木，高10 m，小枝具细长刺。叶卵圆形至卵状披针形，长3~7 cm，边缘具细锯齿，基部三出脉。核果大，卵形或卵圆形，长1.5~5.0 cm，深红色。

分布：全国各地广泛栽培，主产于黄河流域各省（区）。

利用价值：果实富含维生素C、蛋白质和各种糖类，可生食和加工成多种食品，也可入药。木材坚硬，纹理细致，耐磨，是雕刻、家具及细木工的优良用材。花期长，是很好的蜜源树种。

194 酸枣
Zizyphus jujuba Mill. var. *spinosa*（Bge.）Hu

形态特征：落叶灌木或小乔木，高1～5m，小枝常呈"之"字形，具有二种刺，针状刺和弯钩状短刺。单叶互生，长椭圆状卵形至卵形，长0.8～3.0cm，边缘有细锯齿，基部三出脉。聚伞花序，叶腋生。核果近球形0.7～1.5cm。

生长特性：阳性树，极耐寒耐旱。

分布：主要分布在我国东北、华北、西北及山东、浙江、江苏、安徽、湖北、四川、贵州、陕西、甘肃、宁夏、新疆等省（区）。

利用价值：贺兰山东麓荒漠草原上的原生种，极度耐旱，是很好的防风固沙造林树种。蜜源植物。果皮和种仁可入药。

鼠李属 *Rhamnus* L.

195 柳叶鼠李
Rhamnus erythroxylon Pall

形态特征：落叶灌木，高2m，多分枝，幼枝红褐色，初有稀柔毛，小枝互生，先端具针刺，老枝灰褐色光滑。单叶在长枝上互生，或近互生，在短枝上簇生，条状披针形，长2~9cm，宽0.3~1.0cm，先端渐尖，基部楔形，边缘具稀疏圆齿，齿端具黑色腺点，上面绿色，有毛，下面淡绿，具柔毛。花黄绿色，雌雄异株。核果球形，黑褐色，种子倒卵形，背面有沟，种沟开口占种子5/6。

分布：我国华北、西北东部，俄罗斯、蒙古有分布。宁夏贺兰山，为东古北极种。

利用价值：水土保持植物。叶可入药，能消食健胃、清热去火，主治消化不良、腹泻。

<h1 style="text-align:center">葡萄科 Vitaceae</h1>
葡萄属 Vitis L.

196 葡萄
Vitis vinifera L.

形态特征：落叶木质藤本，幼时有毛或无毛，卷须分枝。单叶，圆形或卵圆形，长7~15 cm，通常3~5深裂，基部心形，边缘具粗锯齿，两面无毛或下面有短柔毛，叶柄长4~8 cm。圆锥花序大而长，花杂性异株，小，黄绿色。浆果球形，卵形或卵状长圆形，紫黑色，被白粉或红色带青。

分布：原产亚洲西部，我国各地有栽培，品种较多。

利用价值：果实是北方地区主要水果之一，可食用，如酿酒和制葡萄干。

爬山虎属 *Parthenocissus* Planch.

197 爬山虎
Parthenocissus tricllspidata (Sieb.et Zucc.) Planch.

形态特征：落叶藤本，卷须短而多分枝。叶广卵形，长8~18 cm，通常三裂，基部心形，缘有锯齿，叶背脉上有柔毛，幼苗期叶小常不分裂，下部枝的叶有时裂成三小叶，叶后期变红色。序伞花序，花黄绿色。浆果球形，径6~8 cm，蓝黑色，有白粉。

分布：分布广，北起辽宁，南到广东均有，日本也有。

利用价值：入秋叶变红，格外美丽。常用作垂直绿化建筑物的墙壁、围墙、假山等园林绿化。根、茎入药，能破瘀血、消肿消毒。

杜英科 Elaeocarpaceae

杜英属 *Elaeocarpus* Linn.

198 杜英
Elacocarpus sylvestris (Lour) . Poir

形态特征：常绿乔木，高10~20 m，径80 cm，树皮深褐色，平滑不裂，小枝红褐色。叶薄革质，倒卵状椭圆形，长4~6 cm，有浅钝齿。腋生总状花序，花下垂，花瓣白色，线裂如丝。核果，暗紫色。

分布：中国南部浙江、江西、福建、台湾、湖南、广东、广西及贵州南部。

利用价值：叶后期变红，颇为美丽。宜在坡地、林缘、庭前、路口种植。因对二氧化硫抗性强，可作工矿区和防护林带树种。木材坚实细致，可供建筑、家具及细木工等用。树皮可造纸，提取栲胶，根皮供入药用。

椴树科 Tiliaceae

椴树属 *Tilia* Linn.

199 糠椴
Tilia mandshurica Rupr . et Maxim

　　形态特征：落叶乔木，高20 m，树冠广卵形，树干老时纵裂，1年生枝黄绿色，密生灰白色星毛。叶广卵形，长7~15 cm，先端短尖，基部歪心形或斜截形，叶缘锯齿粗而有突出尖头，背面密生灰色星状毛。花黄色7~12朵，成下垂聚伞花序，苞片倒披针形。果近球形，7~9 mm，密被黄褐色星状毛，有不明显5纵裂。

　　分布：东北、内蒙古、河北、山东等地。朝鲜、俄罗斯远东也有。

　　利用价值：树冠整齐，枝叶茂密，遮阴效果好，是北方优良的庭荫树及行道树。木材轻软，不翘不裂，可作胶合板、家具、铅笔杆、造纸等用材。树皮纤维可代麻用，花供药用，花内含蜜，是很好的蜜源植物。

200 华椴
Tilia chinensis Maxim

形态特征：落叶乔木，高15 m，小枝无毛。叶卵形或宽卵形，长3~8 cm，宽3~9 cm，先端短聚尖，基部斜截形或近心形，边缘有细锯齿，下面密生星状毛，叶柄无毛。聚伞花序1~3朵，花黄色，苞片狭长椭圆形或披针状椭圆形。果椭圆形，长1 cm，有明显5棱，外面被星状绒毛。

分布：云南、四川、湖北、河南、陕西、甘肃等省

利用价值：可作水土保持、水源涵养林的混交树种。材质白细，是建筑、家具用材。花是很好的蜜源。

锦葵科 Malvaceae
木槿属 *Hibiscus Zhu*

201 木槿
Hibiscus syriacus L.

形态特征：落叶灌木或小乔木，高3~4m，小枝幼时密被绒毛，后渐脱落。叶菱状卵形，3~6cm，基部楔形，端部常三裂，边缘有钝齿，仅叶背面脉上稍有毛。花单生叶腋，径5~8cm，单瓣或重瓣，有淡紫、红、白等色。蒴果卵形，1.5cm，密生星状绒毛。

分布：原产东亚。中国自东北南部至华南各地均有栽培，尤以长江流域为多。

利用价值：优良的园林观花树种，常作绿篱及基础种植材料，宜丛植于草坪、路边或林缘。因具有较强抗性，也是工厂绿化的优良树种。茎皮纤维可作造纸原料。全株各部可入药，有清热、凉血、利尿等功效。

202 重瓣木槿
Hibiscus syriacus f. *amplissimus*

形态特征：落叶灌木，高3~4m，小枝密被黄色星状绒毛。叶菱形至三角卵形，长3~10cm，宽2~4cm，具深浅不同的3裂或不裂，先端钝，基部楔形，边缘具不整齐齿缺，下面沿叶脉微被毛或近无毛；叶柄长5~25mm，上面被星状柔毛；托叶线形，长约6mm，疏被柔毛。花单生于枝端叶腋间，花梗长4~14mm，被星状短绒毛；小苞片6~8，线形，长6~15mm，宽1~2mm，密被星状疏绒毛；花萼钟形，长14~20mm，密被星状短绒毛，裂片5，三角形；花钟形，淡紫色，直径5~6cm，花瓣倒卵形，长3.5~4.5cm，外面疏被纤毛和星状长柔毛；雄蕊柱长约3cm，花柱枝无毛。蒴果卵圆形，直径约12mm，密被黄色星状绒毛。花期7—10月。

分布：贵阳、遵义等地有栽培。我国山东及南方省区多有栽培。

利用价值：适应性强，又是抗烟尘，抗氟化氢等有害气体的极好植物，也是美化绿化净化空气的树种。

木棉科 Bombacaceae
木棉属 *Bombax* Linn.

203 木棉
Gossampinus malabarica（DC Merr.）

　　形态特征：落叶乔木，高40 m，树干粗大端直，大枝轮生，平展，幼树树干及枝条具圆锥形皮刺，掌状叶互生。小叶5~7，卵状长椭圆形7~15 cm，先端成尾尖，全缘，小叶柄长1.5~3.5 cm，花红色，直径10 cm。蒴果长椭球形，长10~15 cm，木质5瓣裂。花期3—5月，先叶开放，果6—7月。

　　分布：亚洲东部，大洋洲。云南、贵州、广西、广东等地南部均有分布。

　　利用价值：早春先叶开花，如火如荼，十分红艳美丽。在华南各城市常栽作行道树，庭荫树及庭园观赏树。花和皮可入药，有祛湿之效。木材可作炊具、木桶、板材等用。

梧桐科 Sterculiaceaee
梧桐属 *Firmiana* Marsili

204 梧桐
Firmiana simplex (L.) W. F. Wight

形态特征：落叶乔木，高15~20 m，树皮灰绿色，小枝，翠绿色。叶卵圆形，叶3~5掌状裂，叶长15~20 cm，基部心形，裂片全缘，先端渐尖，叶背有星状毛。蓇葖果，在成熟前即开裂成舟形；种子棕黄色，大如豌豆，表面皱缩，着生于果皮边缘。

分布：原产中国及日本。我国华北至华南，西南各地广泛栽培。

利用价值：可栽作行道树及居民区、工厂区绿化树种。木材轻韧、纹理美观，可供乐器、箱盒、家具等用材。种子可炒食及榨油。叶、花、根及种子均可入药。

205 苹婆
Sterculia nobilis Smith

形态特征：落叶乔木。叶纸质，宽矩形或短圆状椭圆形，叶长8～25 cm，宽5～15 cm，先端逐尖或钝。花萼粉红色，五裂至中部。蓇葖果鲜红色，厚革质；种子椭圆球形似凤凰眼睛而称凤眼果。花期4—5月。

分布：我国广东、广西、贵州，印度、越南、印度尼西亚等。

利用价值：中国广东以南常栽植为庭院绿化树。木材轻、韧，可制器具。

蒺藜科 Zygophyiiaceae
四合木属 Tetraena Maxim.

206 四合木
Tetraena mongolica Maxim . Enum . Fl . Mongol.

形态特征：常绿小灌木，30~70cm，茎由基部多分枝，老枝红褐色，小枝黄色，密被白色叉状毛，节甚明显。偶数羽状复叶，对生或簇生于短枝上，小叶二枚肉质，倒披针形，长3~8mm，顶端圆钝，具突尖，基部楔形，全缘，两面密被叉状毛。花1~2朵生于短枝上，淡黄色或白色，花瓣4，果4瓣裂。

生长特性：四合木为一种强旱生植物，且根系非常发达，只生于草原化荒漠黄河阶地、低山山坡和草原化荒漠区。它生长在土壤环境多石和多碎石的漠钙土，且土壤干燥、瘠薄。除适应了冬季的严寒外，又保留了它的古地中海南岸热带成分子遗种的趋温特性。四合木是中国阿拉善草原化荒漠植被的建群种之一，也作为优势种或伴生种出现。四合木主要的伴生植物有黄花红砂 *Reaumuria trigyna* Maxim.、红砂 *R.soongorica*（Pall.）Maxim.、珍珠猪毛菜 *Salsola passerina Bunge*、霸王 *Zygophyllum xanthoxylum*（Bunge）Maxim. 等。

分布：内蒙古（鄂尔多斯西北部）、宁夏石嘴山（落石滩）。

利用价值：粗劣牧草，被骆驼采食。枝含油脂，极易燃烧，为优良燃料。有防风固沙作用。为古老残遗植物，为国家二级保护植物。

山茶科 Theaceae

山茶属 Camellia L.

207 **茶梅**
Camellia sasanqua Thunb.

形态特征：常绿小乔木，高3～13m，嫩枝有粗毛。叶互生，椭圆形至长卵形，长4～8cm，边缘有小锯齿，表面有光泽。11月于上年枝上开花，红色。蒴果球形，略被毛。

分布：长江流域以南，江苏、浙江、亚热带南部、广东、广西、福建、江西、安徽、中国台湾。日本琉球也有。

利用价值：可作基础种植及常绿篱垣材料，开花时为花篱、落花后又为常绿绿篱，亦可盆栽观赏。种子可榨油。

208 山茶
Camellia japonica Linn.

形态特征：常绿灌木或小乔木，高5~15 m。叶卵形，倒卵形，长5~11 cm，叶端短纯渐尖，叶基楔形，叶缘有锯齿，叶表面光滑。花单生或对生枝顶或叶腋，大红花，直径6~12 cm，花瓣5~7但也有重瓣，花瓣近圆形，顶端微凹，花萼被短毛，边缘膜质。蒴果近球形，直径2~3 cm，无宿存花萼。

分布：产在我国和日本，我国中部及南方各地多有栽培。

利用价值：中国传统的名花。叶色翠绿而有光泽，四季常青，花朵大，花色美，品种繁多。花在欧美及日本也极受珍视，常用于庭园及室内装饰。木材可供细木工用。种子榨油可食用，花及根均可入药。

209 红山茶（杨贵妃）
Camellia japonica L.var. anemoniflora Curtis.

形态特征：为山茶的变种，特点花红色，花型似秋牡丹，有5枚大花瓣，雄蕊变成狭小花瓣，花瓣外轮宽平，内轮细碎，雄蕊少，花粉红色。

分布：产在我国和日本。我国中部及南方各地多有栽培。

利用价值：同原种山茶。

210 白山茶（白茶花）
Camellia japonica L.var. *alba* Lodd.

形态特征：为山茶的自然变种，与原种区别花为白色。

分布：产于中国和日本，中国中部及南方各地有露地多有栽培，北部则在温室中栽培。

利用价值：同原种山茶。

柽柳科 Tamaricaceae
柽柳属 *Tamarix* Linn.

211 柽柳
Tamarix chinensis Lour.

形态特征：落叶灌木或小乔木，高5m，枝条细弱，开展常下垂，光滑紫红色。叶小长1~2mm，披针形具隆起。花粉红色，总状花序组成侧生圆锥花序，或集生圆锥花序集成顶生大形圆锥花序，常下垂。蒴果。

分布：河北、山东、山西、河南、湖北、福建、广东、广西、陕西、甘肃、宁夏、青海等省（区）。

利用价值：姿态婆娑，枝条纤秀，花期很长，可作篱垣用。优秀的防风固沙植物，也是良好的改良盐碱土树种，亦可植于水边观赏。枝可供编织用，嫩叶及枝可入药，树皮可制栲胶。

瑞香科 Thymelaeacea
结香属 Edgewortyia Meisn.

212 结香 （瑞香三木亚）
Edgeworthia chrysantha Lindl.

形态特征：落叶灌木，高2 m，枝粗壮，棕红色，具皮孔，常成三叉状分枝。叶互生，常簇生于枝端，叶片纸质，椭圆状圆形，或椭圆状倒披针，先端急尖，或钝，基部楔形而下延全缘，具长硬毛，叶脉下面微凸起。头状花序，生于枝梢叶腋，总花梗粗短，下弯密被长绢毛，花萼管状，外面密被黄白色绢状长柔毛，裂片4，椭圆形或卵形，内面黄色。核果，卵形。

分布：产于江苏、安徽、江西、浙江、湖南、湖北、四川、河南、陕西等省。

利用价值：茎、树皮可造纸及人造棉。根、叶、花入药，能舒筋活络，润肺养肾。也可作庭院观赏植物。

胡颓子科 Elaeagnaceae
胡颓子属 *Elaeagnus* Linn.

213 沙枣（桂香柳）
Elaiagnus angustifolia L.

　　形态特征：落叶灌木或小乔木，高7 m，树皮纵裂，小枝密被银白色星状鳞片。叶片圆状披针形或线状披针形，长3~7 cm，两面密被银白色星状鳞片。花1~3朵簇生，黄色。果实椭圆形，先黄色后变褐色或红褐色，疏被银色鳞片。

　　分布：辽宁、内蒙古、山西、河南、宁夏、甘肃、青海、陕西、新疆等省（区）。

　　利用价值：果可生吃或加工成果酱或酿酒，叶可作饲料；花香而有蜜，是良好的蜜源植物；树叶可作树胶。木材质地坚韧，纹理美观，可供家具、建筑等用。其花、果、枝、叶、树皮均可入药。

214 胡颓子
Elaeagnus pungens Thunb.

形态特征：落叶灌木，高2~4m，枝条褐色常具枝刺，幼枝密被棕褐色鳞片。叶互生，椭圆形或倒卵状椭圆形，长3~8cm，全缘，下面密被银白色鳞片。花1~5朵，在老年生枝基部叶腋，黄白色。果实球形或卵圆形，红色。

分布：我国华北、华东、西南及青海、宁夏、陕西、甘肃、辽宁、湖北等省（区）。

利用价值：可作园林绿化及观赏树种。果可食及酿酒用。果、根、叶均可入药，有收敛、止泻、镇咳、解毒等效用。

沙棘属 *Hippophae* Linn.

215 沙棘
Hippophae rhamnoides Linn.

形态特征：落叶灌木或乔木，高达10m，枝灰色，有刺，冬芽金褐色。叶线状或线状披针形，长2～6cm，先端急尖或钝，叶面暗绿，初被银白色鳞片，后变光滑。雌雄异株，花极小，淡黄色，先叶开放。果实几圆形或卵圆形，长5～8mm，黄色或橙黄色。

分布：产于欧洲、亚洲西部和中部。中国的华北、西北及西南均有分布。

利用价值：果含丰富维生素，可供生食或加工酿酒、制醋、制果酱。果也可入药，又可提制黄色染料；花含蜜源。木材坚硬可作农具和工艺品；沙棘是荒山造林，营造水土保持林、薪炭林、水源涵养林的优良树种。

千屈菜科 Lythraceae
紫薇属 *Lagerstroemia* Linn.

216	紫薇（痒痒树、百日红）
	Lagerstroemia indica L.

形态特征：落叶灌木或小乔木，高达7 m，枝干扭曲，树皮淡褐色，薄片状剥落，树干特别光滑，小枝四棱。叶对生或近对生，椭圆形或卵状椭圆形，长3～7 cm，全缘，背脉有毛。花淡红色，顶生，圆锥花序。蒴果，近球形。

生长特性：喜温暖，不耐寒。

分布：亚洲南部及澳洲北部，中国华东、华中、华南及西南均有分布。

利用价值：树姿优美、树干光滑洁白、花色艳丽。最适宜在庭院及建筑前栽植，也宜栽在池畔、路边及草坪上，是一种美丽的庭院观赏植物。木材坚硬，耐朽力强，是家具、建筑、舟车、桥梁等优良用材。

217 银薇（白薇）
Lagerstroemia indica L.var.*alba*

形态特征：为紫薇变种，花白色或微带淡黄色，叶色淡绿。

生长特性：喜温暖气候，耐寒性不强，需要有良好的小气候环境，而且耐旱怕涝。

分布：亚洲南部及澳洲北部，中国华东、华中、华南及西南均有分布。

利用价值：同本原种。

218 红薇
Lagerstroemia indica (L.) var.*amabilis* Makino

形态特征：为紫薇同本原种的变种。其大部分特征同原种，但花色略带深红或紫红。

分布：亚洲南部及澳洲北部，中国华东、华中、华南及西南均有分布。

利用价值：同本原种。

石榴科 Punicaceae
石榴属 *Punica* Linn.

219 | 石榴
| **Punica granatum L**

形态特征：落叶灌木或小乔木，高5~7m，小枝有角棱，端常成刺状。叶倒卵状椭圆形，长2~8cm，在长枝上对生，短枝上簇生。花朱红色，径约2cm，花萼钟形，紫红色，革质。浆果，近球形，6~8cm。

生长特性：喜光、喜温暖气候，有一定的耐寒力。

分布：原产伊朗、阿富汗。我国黄河流域以南地区均有引种，栽培已有200多年历史。

利用价值：树姿优美，叶碧绿而有光泽，花色艳丽如火，而花期极长。石榴又宜盆栽观赏，是园林绿化的优良树种。石榴果可生食用，又可入药；果皮含单宁，可作工业原料。

220 重瓣红榴（千瓣大红榴）
Punica granatum Linn.var.*pleniflora* Hayne

　　形态特征：落叶灌木或小乔木，高5~7m，小枝有角棱，先端常成刺状。叶倒卵状长椭圆形，长枝上对生，短枝上簇生。花朱红色、重瓣、形大。

　　生长特性：喜光、喜湿润，有一定耐寒力。

　　分布：经引种栽培，在原种产区均有分布。

　　利用价值：同本原种。

桃金娘科 Myrtaceae
红千层属 Callistemon R. Br.

221 红千层（瓶刷子树，红瓶刷）
Callistemon rigidus R.Br.

形态特征：常绿灌木或小乔木。叶披针形，似罗汉松叶，终年不凋，四季常青。花稠密，穗状花序生于顶端，花鲜红，花瓣绿色。蒴果半球形。

分布：原产于大洋洲。我国广东、广西、海南、福建、云南均有栽培。

利用价值：花美丽，为庭院观赏树种或作插花观赏植物。

五加科 Araliaceae

八角金盘属 *Fatsia* Decne. Planch.

222 八角金盘
Fatsia japonica (Thunb.) Decne. et Planch.

　　形态特征：常绿灌木，高5m，基常成丛生状。叶片大，掌状7~9深裂，直径13~30cm，裂片常椭圆形凹出圆形，边缘有粗锯齿，幼时叶下部基有绒毛，叶柄长10~50cm。伞形长序，组成大型圆锥花序，顶生伞房花序，有花多数，花顶生，黄白色。果球形，直径约8mm，熟时紫黑色。花期10—11月，果期翌年4月。

　　分布：日本、南方各省有引种栽培。

　　利用价值：叶大光亮而常绿，是良好的观叶树种，对有毒气体具有较强抗性。江南地区公园、庭院、街道、工厂的园林绿化适宜树种。北方常盆栽，室内绿化观赏。

五加属 *Acanthopanax* Miq.

223 短柄五加
Acanthopanax brachypus Harms.

形态特征：落叶灌木，高1~2m，老枝基部和出土密生枝，下部常密生刚毛状细刺，小枝淡褐色或灰褐色，无毛，仅节上叶柄基部常有1~2枚下弯的短刺，掌状3~5。小叶互生，幼枝上部着生的叶几无柄或极短柄，下部叶片叶柄逐渐变长，叶边缘生钝齿或近全缘。伞形花序3~7丛生枝端，花5瓣，淡绿色。浆果状核果球形，果黑色，有5棱。

分布：陕西、甘肃、宁夏等省（区）。

利用价值：可用作水土保持和林下灌木树种，也可作庭院绿化树种。

楤木属 *Aralia* L.

224 黄花楤木
Aralia chinensis Linn.var. *nuda* Nakai.

形态特征：落叶乔木，高6m。树皮灰白色，被粗壮直刺，小枝棕褐色，密生棕色柔毛，2~3回羽状复叶。小叶椭圆或长椭圆。花白色，核果球形黑色。

分布：河南、河北、湖南、湖北、四川、陕西、甘肃、宁夏、广东等省（区），华东、中南、西南、辽宁南部均有分布。

利用价值：可作庭院绿化及林下灌木。根及茎、皮可入药。

山茱萸科 Cornaceae
梾木属 *Swida* Opiz

225 | **毛梾**
Swida walteri (Wanger.) Sojak

形态特征：落叶乔木，高6～15 m。树皮厚，黑褐色，纵裂而又横裂成块状。幼枝对生，绿色，略有棱角，密被贴生灰白色短柔毛，老后黄绿色，无毛。叶对生，纸质，椭圆形、长圆椭圆形或阔卵形，先端渐尖，基部楔形。伞房状聚伞花序顶生，花密，花白色，有香味。核果球形。花期5月，果期9月。

分布：分布于中国辽宁、河北、山西南部以及华东、华中、华南、西南各省（区）。

利用价值：可作水土保持林、水源涵养林、庭院绿化树种。种子可榨油，供食用或作润滑油。树皮、叶可提取栲胶。

226 灯台树
Cornus controuersa Hemsl.

形态特征：落叶乔木，高15～20 m。树皮暗灰色，老时浅纵裂，枝紫红色。叶互生，常集生枝梢，卵状椭圆形至广椭圆形，长6～13 cm，叶端突渐尖，叶基圆形，侧脉6～8对，叶表深绿，叶背灰绿色，疏生贴伏短柔毛。伞房状聚伞花序，顶生，花小，白色。核果球形，径6～7 mm，紫红变成紫黑色。

分布：长江流域及西南各地，北达东北南部，南至广东、广西，朝鲜、日本也有。

利用价值：可作水土保持林、水源涵养林、庭院绿化树种。种子可榨油，制肥皂或作润滑油。木材黄白色，纹理直，可供建筑和家具等用材。树皮、叶可提取栲胶。

227 红瑞木
Cornus alba L.

形态特征：落叶灌木，高3m，枝血红色，无毛，初时被白粉，髓大而白色。叶对生，卵形或椭圆形，4~9cm，叶端尖，叶基圆形或广楔形，全缘，叶脉5~6对，表面暗绿，叶背粉绿色，两面均有疏生贴生柔毛。花小，黄白色，排成顶生的伞房状聚伞花序。核果，斜卵圆形。

分布：东北、内蒙古、河北、陕西、山东等地，朝鲜、俄罗斯也有分布。

利用价值：可作庭院绿化树种。种子可榨油，作润滑等工业用油及食用。树皮、叶可提取栲胶。

山茱萸属 *Macrocarpium* (Spach) Nakai

228 山茱萸
Macrocarpium officinale (S. Et Z.) Nakai (*cornus officinalis* S.et Z.)

形态特征：落叶灌木或小乔木，老枝黑褐色，嫩枝绿色。叶对生卵状椭圆形，长5～12 cm，宽7.5 cm，叶端渐尖，叶基浑圆或楔形，叶两面有毛，侧脉6～8对，脉腋有黄褐色簇毛。伞形花序腋生，花瓣4，黄色。核果，椭圆形，熟时红色。

分布：山东、山西、河南、陕西、甘肃、浙江、安徽、湖南等地。

利用价值：果可供入药，有健胃、补肾、收敛强壮之效，可治腰痛症。可作庭院绿化树种。

四照花属 *Dendrobenthamia* Hutch

229 四照花
Dendrobenthamia japonica (DC.) Fang var. *chinensis* (Osborn)

形态特征：落叶灌木或小乔木，高9 m。叶对生，卵形或卵状椭圆形，长6~12 cm，叶端渐尖，叶表疏生白柔毛。头状花序，球形，序基有4枚白色花瓣状总苞片，椭圆状卵形，4~6 mm，花萼4裂，花瓣4。核果聚为球形的聚合果，成熟后紫红色。

生长特性：喜温暖、湿润气候，有一定的耐寒力。

分布：产于长江流域各省，河南、陕西、甘肃等省也有分布。

利用价值：本种花特大，颇为美观，为优良行道树和庭院绿化、观赏树种。

桃叶珊瑚属 *Aucuba* Thunh.

230 花叶青木（洒金珊瑚）
Aucuba chinensis Bench 'Uariegata'

形态特征：常绿灌木，高1~2m。枝与叶均对生，卵状椭圆形，椭圆状披针形或倒卵状椭圆形，长6~14cm，宽3.0~7.5cm，先端尾状渐尖，边缘1/3以上疏生粗锯齿，上面绿色，有金黄色大小不同的斑点，下面沿中脉疏生柔毛或无毛，叶柄粗壮，长0.8~2.0cm。圆锥花序，花瓣紫红色或暗紫色。果卵圆形，幼时绿色，熟时红色。为桃叶珊瑚的栽培变种，与本种区别叶片上有大小不同的黄色或淡黄色斑点。

分布：广东、广西、贵州、海南等省区，越南也有分布。

利用价值：能耐半阴，最宜作林下配植用。在华北多见盆栽，供室内观赏。

杜鹃花科 Ericaceae

杜鹃属 *Cuculus* L.

231 杜鹃（映山红）
Rhododendron simsii Planch.

形态特征：落叶或半常绿灌木，高3m，小枝具刚毛。叶纸质，卵形或椭圆状卵形，长2～6cm，全缘或具细锯齿，两面具粗糙淡黄色卧刚毛。花冠漏斗状，玫瑰红色。

分布：南至广东、广西，北至河南、陕西，东至江苏、浙江，西至湖北、四川等省。

利用价值：杜鹃花鲜艳，可作庭院绿化，观赏极佳。华北地区多作盆栽，也是南方山坡地的水土保持树种。

232 毛杜鹃（锦绣杜鹃）
Rhododendrom pulchrum. Sweet

形态特征：常绿灌木，分枝稀疏，幼枝密生淡棕色扁平伏毛，背后上面近无毛。叶柄长4~6mm，在同枝上同样的毛。花1~3朵顶生枝端，花萼大、深裂，边缘有细锯齿和长毛，外面密生同样的毛，冠宽漏斗状，裂片5，花紫色，尤深紫多点。蒴果短圆形卵形，有粗毛。

分布：常见于香港太平山，广东、广西、福建、湖南、浙江等省（区）。

利用价值：观赏花卉，作庭院绿化树种。

柿科 Ebenaceae

柿属 *Diospyros* Linn.

233 柿

Diospyros kaki Thunb.

　　形态特征：落叶乔木，高达20 m，树皮开裂或鳞状。叶椭圆状卵形或长圆状倒卵形，花淡黄色、白色，花冠钟形，雌雄异株或杂性同株。浆果卵圆形或扁圆形，橙色或黄色。

　　分布：产于我国。现各地均有栽培。陕西、山西、河北、甘肃等地较多。

　　利用价值：重要的经济树种。木材坚韧，不翘不裂，耐腐，可作家具、农具及细木工。果实的营养价值较高，有"木本粮食"之称。柿果除生食以外，又可加工制成柿酒、柿饼、柿醋等。柿树叶大，呈浓绿色，有光泽，秋季变为红色，是良好的庭荫栽培树种。观赏价值很高，是极好的园林绿化树种。

234 君迁子
Diospyros lotus L.

形态特征：落叶乔木，高达4～10 m，树皮暗灰色，深裂呈不规则小方块，皮孔明显长条形。叶椭圆状卵形或长圆状卵形，薄革质，长4～12 cm，先端尖。花单生，雌雄异株，花淡黄色或淡红色。浆果球形，直径1.0～1.5 cm，熟时黄色，后为紫黑色或蓝黑色。

分布：辽宁、河北、山西、陕西、河南、湖北、湖南、甘肃、广东、四川、云南等省，印度、日本也有分布。

利用价值：树干挺直，树冠圆整，适应性强，可供园林绿化用。木材坚硬，纹理细致美丽，可作家具、文具及纺织工业上的木梳线轴用。树皮和树枝可提取栲胶，种子可入药。

木犀科 Oleaceae

雪柳属 *Fontanesia* Labill.

235 雪柳

Fontanesia fortunei Carr.

　　形态特征：落叶灌木，高5 m，树皮淡灰黄色，小枝细长，四棱形。叶披针形或卵状披针形，长3～12 cm，端渐尖，基楔形，全缘，叶柄短。花绿白色，微香。翅果扁平，倒卵形。

　　分布：我国河北、山西、陕西、甘肃、山东、江苏、安徽、浙江、河南、江西等省。

　　利用价值：枝条稠密柔软，叶细如柳，可丛植于庭院观赏；群植于森林公园，效果甚佳。目前多栽作自然式的绿篱或防风林之下木，以及作隔尘林带等用。良好的蜜源植物。

白蜡树属（梣属）*Fraxinus* Linn.

236 对节白蜡（湖北白蜡）
Fraxinus hupehensis Chu , Shang et Su

　　形态特征：落叶乔木，高19m，胸径1.5m。奇数羽状复叶，长7～15cm，叶片披针形，长1.7～5.0cm，宽0.6～1.8cm，先端渐尖，缘具细锯齿，齿端微内曲。翅果，倒披针形4～5cm。

　　分布：主要在湖北。对节白蜡在1975年首次在湖北京山县发现，1979年正式定名为"对节白蜡"为国家二级濒危保护植物。

　　利用价值：名贵树种，被誉为"活化石"或"盆景之王"。园林绿化优良树种。木材白，细致密，可作雕刻、细木工等用。

237 洋白蜡（毛白蜡）
Fraxinus pennsylvanica Marsh.

形态特征：落叶乔木，高20 m，树皮灰褐色。纵裂小叶通常7枚，卵状长椭圆形，披针形，长8～14 cm，先端渐尖，基部阔楔形，缘具钝锯齿，或近全缘。圆锥花序生于去年生小枝，花单性异株。翅果披针形，下延至果实基部。

分布：原产加拿大东南边境，美国东部。我国东北、西北、华北至长江流域下游以北地区多有引种。

利用价值：树干通直，枝叶茂密，叶色深绿而有光泽。秋叶金黄，是城市绿化的优良树种。常植作城市绿化、行道树、防护林、湖岸绿化及工矿绿化树种。木材为建材用材。

238 水曲柳（满洲白蜡）
Fraxinus mandshurica Rupr

形态特征：落叶乔木，高30 m。奇数羽状复叶，对生，叶轴具狭翅，小叶7～13枚，长圆状卵形或长圆状披针形，长7～17 cm，下部叶较小，先端渐尖，缘具钝锯齿。圆锥花序倒生于二年生小枝上，雌雄异株。翅果扭曲，长圆状披针形。

分布：我国东北、华北及陕西、甘肃、宁夏等省（区）。

利用价值：可用作水土保持林、水源涵养林、用材林造林树种。木材可用作建筑、桥梁、造船等用材。庭院绿化、园林绿化树种和经济价值高的优良用材树种。

239 绒毛白蜡
Fraxinus velutina Torr.

形态特征：落叶乔木，高18m，树皮灰褐色，浅纵裂，幼枝冬芽上均有绒毛。小叶3~7枚，通常5枚，顶生小叶较大，狭卵形长3~8cm，先端尖，基部楔形，叶缘有锯齿，下面有绒毛。圆锥花序生于2年生枝上，花萼4~5齿裂，无花瓣。翅果，长圆形，长2~3cm。

分布：原产北美。我国内蒙古、辽宁以南、黄河中下游及长江下游均有引种。

生长特性：对城市环境适应性强，抗涝、具耐盐碱、抗有毒气体能力。

利用价值：枝叶繁茂，树体高大，是城市绿化优良树种。尤其对沿海城市的绿化很重要。

240 新疆小叶白蜡
Fraxinus sogdiana Bunge.

形态特征：落叶乔木，高10 m，树皮灰褐色，纵裂，小枝棕色或淡红棕色。小叶3~5对，光滑无毛，卵圆形，披针形，边缘具不整齐齿牙，顶端具长尖，叶长2~5 cm。花序侧生短总状花序，生于上年生枝叶腋。翅果，窄长，披针形。

分布：新疆伊宁等地区，东北、青海、甘肃也有引种，哈萨克斯坦，乌兹别克斯坦、吉尔吉斯斯坦、塔吉克斯坦等地也有。

生长特性：耐水湿，抗烟尘，可用于湖岸绿化和工矿区绿化。

利用价值：树形端正，树干通直，枝条繁茂而鲜绿，秋变橙黄色，是优良的行道树和遮阴树。材质优良可作建筑、造船、桥梁等用。叶可养白蜡虫，是我国重要经济树种之一。

241 白蜡
Fraxinus chinensis Roxb.

　　形态特征：落叶乔木，高15 m。奇数羽状复叶，小叶5～7对，椭圆形或矩圆状披针形，边缘具不规则锯齿或波状齿，叶背沿中脉侧脉基部具白色短柔毛。圆锥花序，从当年生枝端或叶腋生出。翅果倒披针形，长2.5～3.8 cm，果翅下沿至果体中部以下。

　　分布：辽宁、河北、河南、陕西、甘肃、宁夏、湖北、湖南、江苏、浙江、广东、广西、四川、云南、贵州等省（区）。

　　生长特性：耐水湿，抗烟尘，可用于湖岸绿化和工矿区绿化。

　　利用价值：树形端正，树干通直，枝条繁茂而鲜绿，秋变橙黄色，是优良的行道树和遮阴树。材质优良可作建筑、造船、桥梁等用。叶可养白蜡虫，是我国重要经济树种之一。

连翘属 *Forsythia* Vahl

242 连翘
Frosythia suspense (thumb) Vahl.

形态特征：落叶灌木，高达3 m，干丛生直立，枝开展，拱形下垂，小枝黄褐色，稍四棱，皮孔明显，髓中空。单叶或有时为3小叶，对生，卵形、宽卵形，或椭圆状卵形，长3～10 cm，无毛，端锐尖，基圆形或宽楔形，缘有粗锯齿。花先叶开放，通常单生，稀见3朵腋生，花冠黄色，裂片4。蒴果卵圆形，表面散生油点。

分布：我国北部、中部、东北地区，现各地都有栽培。

利用价值：庭院绿化、园林观赏树种，是北方常见的早春观花灌木；花先叶开放，满枝金黄，艳丽可爱。种子可入药。

丁香属 *Syringa* Linn.

243 羽叶丁香
Syringa pinnatifolia Hemsl.

形态特征：落叶灌木，高1.5~3.0 m。奇数羽状复叶，对生，小叶7~9对，狭卵形或卵状椭圆形，全缘，上面绿色，下面灰绿。圆锥花序侧生，花白色或淡粉色。蒴果黑褐色。

分布：陕西、四川、甘肃、青海、西藏、宁夏等省（区）。我国特有种。东亚（中国－喜马拉雅）种。为国家濒危保护物种。

利用价值：根入蒙药（蒙药名：山沉香），能清热、镇静，主治心热、头晕、失眠。又是很好的观赏灌木。

244 紫丁香
Syringa oblata Lindl.

形态特征：落叶灌木，高3.0m，小枝疏被柔毛。叶对生，椭圆状卵形，长1.8~6.2cm，全缘，具缘毛，两面被短柔毛。圆锥花序侧生或顶生，直立，花淡紫色。蒴果长圆形。

分布：河南、甘肃、宁夏、陕西、湖北等省（区）。

利用价值：枝叶茂密，花美而香，是我国北方各地园林绿化中应用最普遍的花木之一。种子入药，花可提取芳香油，嫩叶代茶。

245 暴马丁香
Syringa reticulata (Bl.)Hara var. *Mandshurica* (Maxim.) Hara (*S. Amurensis* Rupr.)

形态特征：落叶灌木或小乔木，高3～5 m，老枝黑褐色。叶对生，圆卵形、卵形或卵状披针形，全缘，长3～8 cm，圆锥花序，顶生，直立。花白色，蒴果矩圆形，长1.8～2.0 cm。

分布：我国东北、华北及河南、陕西、甘肃、宁夏、陕西等省（区）。

利用价值：花可提取芳香油，亦是良好蜜源植物；果实可入药，能清热祛痰。木材坚硬致密，可供建筑及制作家具用材。

246 小叶丁香（四季丁香、绣球丁香）
Syringa microphylla Diels.

形态特征：落叶乔木或落叶灌木，幼枝具绒毛。叶卵形至椭圆状卵形，长1～4 cm，两基及缘具毛，老时仅背脉有柔毛。花序紧密，花细小，淡紫红色。蒴果小，先端稍弯有瘤状突起，花期春秋两季。

分布：我国中部及北部。

利用价值：园林及庭院绿化树种。应用同紫丁香。

247 北京丁香
Syringa pekinensis Rupr.

形态特征：落叶灌木或小乔木，高达5 m，小枝黑色褐色，老枝黑灰色。叶对生，卵形，狭卵形至卵状披针形，长2~7 cm，先端渐尖或长渐尖，基部近圆形或宽楔形，全缘，表面暗绿色，背面灰绿色，两面无毛。圆锥花序顶生，花冠白色。蒴果椭圆状圆柱形，暗褐色。

分布：我国华北及河南、陕西、甘肃等省（区），宁夏六盘山海拔2000~2300 m山坡灌丛生长。

利用价值：花香，枝形美观，可作庭院、绿化观赏树种。花可提取芳香油，嫩叶可代茶。

流苏树属 *Chionanthus L.*

248 流苏
Chionanthus retusus Lindl.et Faxt.

　　形态特征：落叶小乔木，高10m，小枝淡黄色被短柔毛。叶椭圆形或卵圆形，倒卵形，长3~10cm，全缘。圆锥花序，长6~10cm，白色。核果椭圆形，长0.5~1.5cm，暗蓝色。

　　分布：辽宁、河北、山东、浙江、江苏、河南、湖北、四川、江西、福建、云南、广东、陕西、甘肃等省（区）。

　　利用价值：花密，优美，花形奇特，秀丽可爱是优美的观赏树种。

女贞属 *Ligustrum* Linn.

249 水腊
Ligustrum obtusifolium Sieb.et Zucc.

形态特征：落叶灌木，高达3m，幼枝有短柔毛。叶纸质，长椭圆形，长3~7cm，先端锐尖或钝，基部楔形，叶背有短柔毛，沿中脉较密。顶生圆锥花序，而常下垂，长2.5~3.0cm，花白色。核果，宽椭圆形，黑色。花期7月。

分布：华东、华中。常见于长江流域的绿化树种。

生长特性：对多种毒气抗性较强。

利用价值：可用于庭院、街道、宅院、道路两旁或绿篱。果、树皮、根、叶入药。木材作细木工用。

木犀属 *Osmanthus Lour.*

250 桂花
Osmanthus fragrans (Thunb) Lour.

形态特征：常绿灌木至小乔木，高12 m。叶长椭圆形，长5~12 cm，端尖，全缘或上半部有锯齿。花簇生叶腋或聚伞状，花小黄白色，浓香。核果，椭圆形，紫黑色。

生长特性：喜光，稍耐阴，喜温暖，不耐寒。

分布：原产我国西南部。现广泛栽培于长江流域各省区，华北多行盆栽。

利用价值：我国人民喜爱的传统园林花木。植于路旁、假山、草坪、院落等地。秋末花浓香四溢，香飘十里，也是极好的景观树种。花作香料，是食品工业的重要材料，亦可入药。

251 丹桂
Osmanthus fragrans Lour var. *aurantiacus* Makino.

形态特征：本种为原种桂花的变种，大部特征性状同原种，花橘红色或橙黄色。

分布：同桂花。

利用价值：同桂花原种。

252 金桂
Osmanthus fragrans Lour var. *thunbergii* Makino.

形态特征：本种为原种桂花的变种，大部特征性状同原种，花黄色至深黄色。

分布：同桂花。

利用价值：同桂花原种。

茉莉属（素馨属）*Jasminum*

253　迎春
Jasninum nudiflorum Lindl.

形态特征：落叶灌木，0.4~5.0 m，枝细长，拱形，绿色有四棱。叶对生，小叶3，卵形至长圆状卵形1~3 cm，先端急尖，缘有短睫毛，表面有突起的短刺毛。花单生，先叶开花，花冠黄色，裂片5~6，约为花冠筒长的1/2，通常不结果。

分布：原产我国北部、西北各地。

利用价值：冬季绿枝婆娑，早春黄花可爱。装点冬春之景观，各地园林和庭院都有培植，作园林绿化观赏。花、叶、嫩枝均可入药。

马钱科 Loganiaceae

醉鱼草属 *Buddleja* Linn.

254 互叶醉鱼草
Buddleia alternifolia Maxim.

形态特征：落叶灌木或小乔木，高4m，枝条拱形。叶互生披针形，长3~10cm，宽6~18mm，向上渐狭成急尖或钝头，叶面暗绿，背面苍白，密被灰白色柔毛及星状毛，常全缘。花簇生在前年枝条上，先叶或叶同时开放，花冠鲜紫色。蒴果长圆状卵圆形。

分布：山西、甘肃、四川、云南、陕西、宁夏的六盘山、贺兰山等省（区）。

利用价值：花多色美，可作园林绿化栽培观赏用，亦可作插花用。花可提取芳香油。

夹竹桃科 Apocynaceae
夹竹桃属 *Nerium* Linn.

255 红花夹竹桃
Nerium indicum Mill.

形态特征：常绿直立大灌木，高达5 m，含水液。叶3～4枚轮生，枝条下部为对生，窄披针形，长11～15 cm，顶端急尖，基部楔形，叶缘反卷，叶面深绿色，无毛，叶背浅绿色。花序顶生；花冠深红色或粉红色，单瓣5枚，喉部具5片撕裂状副花冠。蓇葖果细长。花期6—10月。

分布：原产于伊朗、印度、尼泊尔。现广植于世界热带地区，我国长江以南各地区广为栽培。北方地区温室越冬。

生长特性：耐烟尘、抗污染。适应城市的自然条件，是城市绿化极好树种。

利用价值：姿态潇洒、花色鲜丽，初夏开花，经秋乃止，有特殊气味，是工矿区绿化的好树种。植物有毒可入药。

256 白花夹竹桃
Nerium indicum Mill. 'Paihua'

　　形态特征：为夹竹桃原种的变种，主要区别花白色，其他性状同原种夹竹桃。

　　分布：同原种，原产于伊朗、印度、尼泊尔。我国长江以南各省区广为栽培。

　　利用价值：耐烟尘、抗污染，在工矿区绿化的好树种。姿态潇洒、花色鲜丽，初夏开花，经秋乃止，有特殊气味。适应城市的自然条件，是城市绿化极好树种。植物有毒，可入药。

罗布麻属 *Apocynum* L.

257 罗布麻
Apocynum venetum L.

形态特征：落叶直立半灌木，高80~150 cm，具乳汁，枝条圆筒形，无毛紫红色或淡红色。叶对生，分枝处的叶常互生，卵状椭圆形或狭长椭圆形，长2~5 cm，宽3~12 mm，先端圆钝，具短尖头，基部楔形，边缘具骨质细齿，两面无毛。花冠筒状钟形，聚伞花序顶生，花紫红色。蓇葖果，叉生圆柱形。花期6—7月，果期8—9月。

分布：我国华北、西北及辽宁、山东、河南、江苏等省。宁夏灌区普遍分布，生于盐碱荒地及沟渠旁。

利用价值：可作纺织及造纸原料。嫩叶可代茶，也可入药，也是良好的蜜源植物。

萝藦科 Asclepiadaceae
杠柳属 *Periploca* L.

258 杠柳
Periploca sepium Bunge

形态特征：落叶藤状灌木，小枝。叶具乳汁，单叶对生或互生，常全缘，基部有腺体。花顶生或腋生，集成伞形或聚伞，总状花序。蓇葖果，种子多数，先端有丛生的白色绢质种毛。

分布：吉林、辽宁、河北、内蒙古、陕西、山西、甘肃、四川、江西、河南、江苏、山东、贵州等省（区）。

利用价值：茎叶光滑无毛，花紫红，具有一定的观赏效果。宜作污染地遮掩树种。

马鞭草科 *Verbenaceae*

莸属 *Caryopteris* Bunge

259 兰香草
Caryopteris incana (thumb) Miq

形态特征：落叶半灌木，高1.0~1.5 m，密被微毛。叶对生，具短柄，卵形或矩圆形，长2~5 cm，先端钝，基部浑圆，边缘有粗锯齿，两面密被灰柔毛。聚伞花序，为具柄的花束，多花，萼钟形，5深裂，裂片披针形，花冠蓝色，5裂，有一裂片较大，边缘有睫毛，外面被微毛。蒴果球形。

分布：江苏、安徽、福建、江西、湖北、湖南、广东、广西等省（区），朝鲜、越南、日本、印度、印度尼西亚等有分布。

利用价值：根及全草可药用。可治风寒感冒、百日咳、慢性支气管炎、肝炎、胃炎及外伤出血及疮疖痈肿等。

260 蒙古莸
Cargopteris mongolica Bunge.

形态特征：落叶小灌木，高15～40 cm，老枝灰褐色，有纵裂纹，幼枝常紫褐色，初期被灰白色柔毛。单叶对生，披针形条状披针形或条形，长1.5～6.0 cm，宽3～10 mm，先端渐尖或钝，全缘，上面淡绿，下面灰白，均被较密的短柔毛。聚伞花序顶生或腋生，花萼钟形，先端5裂。花冠蓝紫色筒状，其中一裂片较大，顶端撕裂，其余裂片钝圆或微尖。小坚果炬圆状扁三棱形，果实球形。

分布：蒙古高原及南缘，内蒙古、宁夏、甘肃、河北、山西、陕西等省（区）。

利用价值：可作庭院绿化小灌木。叶和花可提取芳香油。

茄科 Solanaceae

枸杞属 *Lycium* L.

261 **枸杞**
Lyeium barbarum L.

形态特征：落叶灌木，高0.8~2.0 m，分枝细密，灰白色或灰黄色。叶互生，或短枝簇生，披针形或长椭圆状披针形，全缘。花在长枝上1~2朵生叶腋，短枝上同叶簇生，花冠漏斗状。蓝紫色浆果红色，有时为橙色。

分布：华北、西北。以宁夏为最集中。

利用价值：果实、根、皮入药，全身是宝。

玄参科 Scrophulariaceae

泡桐属 Paulownia Sieb. et Zucc.

262 毛泡桐
Paulownia tomentosa (Thunb) steud.

形态特征：落叶乔木，高15 m，树冠宽大圆形，树皮褐灰色，小枝有明显皮孔。叶阔卵形或卵形，先端渐尖或锐尖，基部心形，全缘或3~5裂，表面被长柔毛，腺毛及分枝毛，背面密被具长柄的白色树枝状毛，花冠漏斗状钟形，鲜紫色或蓝紫色，长5~7 cm。蒴果卵圆形，长3~4 cm。

分布：辽宁南部，河南、河北、山东、江苏、安徽、湖北、江西等地广泛栽培。

利用价值：树干端直，树冠宽大，叶大荫浓。花大而美，宜作行道树、庭荫树；也是重要的速生树种，四旁绿花的优良树种。材质好，用途大，经济价值高，为胶合板、箱板、乐器、模型等之良材，也是我国外贸物资之一。叶、花、种子均可入药。又是良好的饲料和肥料树种。

紫葳科 Bignoniaceae
梓属 Catalpa Scop.

263 **梓树**
Catalpa Ovata D. Don

形态特征：落叶乔木，高15 m，小枝疏被淡黄色长硬毛。叶广卵形，先端突渐尖，长10~25 cm，叶面被短柔毛，缘3~5

裂，裂片突尖。圆锥花序，淡黄白色，内具橙色条纹和蓝紫色斑点。蒴果长20~30 cm，径8 mm。

分布：黑龙江、吉林、辽宁、山东、河北、河南、山西、湖南、贵州、云南、陕西等省（区）。

利用价值：树冠宽大，可作行道、庭荫及村旁、宅旁绿化树种。材质轻软，可供家具、乐器等用。

264 楸树
Catalpa bungei **C.A.Mey.**

形态特征：落叶乔木，高12 m，小枝淡褐色，光滑。叶三角状卵形或卵状长圆形，先端渐尖或长渐尖，基部楔形或广楔形，长宽略等，面暗绿，背淡绿，均光滑，全缘或具1至数裂，裂片常渐尖。总状伞房花序，花冠白色，内具紫色斑点。蒴果长25～35 cm。

分布：主产黄河流域和长江流域各省。河北、山东、河南、山西、江苏、浙江、贵州等省，陕西各地均有栽培。

利用价值：树姿挺拔，干直荫浓，花紫白相间，艳丽悦目，宜作庭荫树及行道树，也是园林绿化的优良树种。

凌霄属 *Campsis* Lour.

265 凌霄
Campsis grandiflora (Thunb.) Loisel.

形态特征：落叶攀援灌木，长达10 m，树皮灰褐色，呈细条状纵裂，小枝紫色褐色。奇数羽状复叶，小叶7～9对，卵形至卵状披针形，边缘锯齿状，具有少数气根。聚伞花序，或圆锥花序，花漏斗状，钟形，鲜红色或黄赤色。蒴果。

分布：山东、河南、江苏、江西、广东、广西、浙江、福建、四川、湖南、湖北等地，日本也产。

利用价值：干枝弯曲多姿，翠叶团团如盖，花大色艳，花期长，为庭园种棚架、花门之良好绿化材料，也是理想的城市垂直绿化材料。凌霄花粉有毒，需加注意，茎、叶、花均可入药。

忍冬科 Caprifoliacceae
忍冬属 *Lonicera* L.

266 鞑靼忍冬
Lonicera tatarica L.

形态特征：落叶灌木，高3m，小枝中空，老枝皮灰白色。叶卵形或卵状椭圆形，长2~6cm，顶端尖，基部圆形或近心形，两面均无毛。花成对腋生，相邻两花的萼筒分离，花冠唇形，粉红色或白色。浆果红色，常含生。

分布：原产欧洲及西伯利亚，我国新疆北部也有分布。

利用价值：花美叶秀，常作庭院绿化观赏用。

267 红金银花
Lonicera japonica Thunb var. *chinensis* Baker.

形态特征：小枝、叶柄、嫩叶紫红色，淡紫红色为金银花的变种。

分布：原产欧洲及西伯利亚。我国新疆北部也有。

利用价值：植株轻盈，藤蔓缭绕，花富含清香，是色香兼备的藤本植物，可缠绕篱垣、花架、花廊等作垂直绿化。花蕾、茎、枝入药。优良的蜜源植物。

268　盘叶忍冬
Lonicera tragophylla Hemsl.

形态特征：落叶灌木。叶椭圆形或卵状椭圆形，全缘，上部叶无柄，或基部合生。花序下的1对叶合生成盘状，扁椭圆形或圆形，头状花序顶生，花黄色。

分布：河北、河南、陕西、山西、甘肃、四川、湖北、安徽、浙江等省。

利用价值：叶形独特，花美观，藤蔓缭绕，可缠绕篱垣、花架、花廊等做垂直绿化，是庭园绿化的优良材料。花、蕾、茎、枝可入药。优良的蜜源植物。

269 葱皮忍冬
Lonicera ferdinandii Franch.

形态特征：落叶灌木，高1.0~2.5 m，幼枝灰绿色，密生粗毛，老枝黑褐色，条状剥落。叶对生，卵形或卵状矩圆形，上面绿色，被平伏柔毛，背面浅绿色被硬毛。花冠黄色，浆果红色。

分布：华北、陕西、甘肃、青海、河南、四川、宁夏（六盘山、罗山）等省（区）。

利用价值：老枝条状剥落，形如葱皮，形姿特别，果红色，可作庭院绿化树观赏用。

270 小叶忍冬
Lonicera microphylla Willd. ex Roem. et Schult.

形态特征：落叶灌木，高1.0~1.5 m，老枝灰白色，条状剥落。叶对生，叶倒卵形或倒卵状椭圆形，长1~2 cm。花淡紫色，浆果近球形红色。

分布：新疆、甘肃、青海、宁夏（贺兰山、罗山）、内蒙古等省（区）。

利用价值：叶小深绿，花淡紫色。可作庭院绿化观赏灌木。

271 金银忍冬（金银木）
Lonicera maackii (Rupr.) Maxim.

形态特征：落叶灌木，高1.5～2.0m。叶对生，卵形或宽卵形，长3.5～9.0cm，叶面沿中脉被柔毛或疏柔毛，背面被柔毛。花成对腋生，花冠黄白色，长15～18mm，外面被柔毛。浆果红色球形。

分布：我国东北、华北、华东、华中、陕西、甘肃、宁夏、四川、云南等省（区）。

利用价值：树势旺盛，枝叶丰满，初夏开花有芳香味。秋季红果坠枝头，是一种良好的观赏灌木，可作庭院绿化用。

六道木属 *Abelia R.Br*

272 南方六道木（大白六道木）
Abelia dielsii (Graebn.) Rehd.

　　形态特征：灌木，高1.5～2.5 m。小枝灰白色，无毛，老枝有六条纵向凹痕。叶对生，披针形或长圆形披针，形长2.5～7.0 cm，宽1.0～1.8 cm，先端长渐尖，基部楔形，边全缘或有不规则的缺刻状疏锯齿，两面被柔毛，边缘具缘毛。花对生于短侧枝，顶端具总花梗，花萼线状，约8 mm，萼片4，花冠钟状，高脚碟形，裂片4。花期6月，果期7—8月。

　　分布：山西、陕西、甘肃、四川、贵州、云南、西藏、浙江、安徽、福建等省，宁夏六盘山有分布。

　　生长特性：耐阴、耐寒、喜湿润土壤。

　　利用价值：叶秀美，可配在林下石隙及岩石园中，也可栽植在建筑物背阴面，园林绿化、观赏用。

锦带花属 *Weigela* Thunb.

273 锦带花
Weigela florida (Bunge) A. DC.

形态特征：落叶灌木，高3 m，枝条开展，小枝细弱。叶椭圆形或卵状椭圆形，长5~10 cm，端锐尖，基部圆形，至楔形，缘有锯齿，表面脉上有毛，背面尤密。花1~4朵，呈聚伞花序，花冠漏斗状钟形，玫瑰红色。

分布：原产华北、东北及华东北部。朝鲜、日本亦产。

利用价值：枝叶茂盛，花色艳丽，花期长达2个月。适于庭院、湖畔群植，也可在树丛、林缘作花篱、花丛配植。优良的观花灌木。

274 红王子锦
Weigela florida ‘**Red Prince**’

形态特征：落叶丛生灌木，枝条开展成拱形，嫩枝淡红色，幼时具2列柔毛。单叶对生，叶椭圆形或卵状椭圆形，端锐尖，基部圆形至楔形，缘有锯齿，表面脉上有毛。花1~4朵成聚伞花序，生于叶腋或枝顶，披针形，下半部连合，花冠漏斗状钟形，鲜红色。蒴果柱形，种子无翅。花期5—9月，10月果熟，11月下旬落叶。

分布：产于美国。中国引进栽培，长江流域及其以北地区园林中多有栽培。

利用价值：株形美观，枝条修长，花朵稠密，花红艳丽，灿如锦带，盛花期孤植株形似红球。在园林绿化中也甚为美观，具有很高的观赏价值。对氟化氢有一定的抗性，是优良的工矿区绿化美化植物。

猬实属 *Kolkwitzia Graebn*

275 猬实
Kolkwitzia amabilis Graebn

形态特征：落叶灌木，高3 m，幼枝被柔毛，老枝皮剥落。叶椭圆形至卵状矩圆形，长3~8 cm，宽1.5~2.5 cm，顶端渐尖，基部钝至近圆形，近全缘至疏具浅齿，上面疏生柔毛，下面叶脉有柔毛。花粉红色至紫色。果二个合生，有时其中一个不发育，外面有刺刚毛。

分布：山西、甘肃、湖北等省，仅1种，为我国特有种。

利用价值：花茂盛，花色娇艳，是国内外著名观花灌木。宜丛植于草坪、角隅、径边、屋侧及假山旁，也可盆栽或作切花用。

接骨木属 *Sambucus* Linn.

276 接骨木
Sambucus williamsii Hance.

形态特征：落叶灌木至小乔木，高6m，老枝有皮孔，光滑无毛，髓心淡黄棕色。奇数羽状复叶，小叶5～7（11），椭圆状披针形，长5～12 cm，端尖至渐尖，基部阔楔形，常不对称，缘具锯齿，揉碎后有臭味。圆锥状聚伞花序，顶生，花白色至淡黄色。浆果状核果，球形，黑紫色或红色。

分布：北起东北，南至秦岭以北，西达甘肃南部和四川，云南东南部。

利用价值：枝叶茂盛，春季白花满树，夏季红果累累，是良好的观赏灌木。可用于城市、工厂的防护林及庭园绿化。枝叶入药。

荚蒾属 *Viburnum* Linn.

277 陕西荚蒾
Uiburnus schensianum Maxim.

形态特征：落叶灌木，高1~3m，老枝灰黑色，幼枝灰棕色，疏被星状毛。叶卵状椭圆形或卵形，先端圆钝或微尖，基部圆形，边缘具浅锯齿，上面绿色疏生平状柔毛，背面浅绿色，疏被星状毛或近无毛。复伞形状聚伞花序，顶生，花白色。核果椭圆形，先红熟后黑，核腹面二浅槽，核背有三条浅沟。

分布：河北、山西、陕西、甘肃、宁夏、四川等省（区）。

利用价值：花繁叶茂，花白色、果先红后变黑，很有观赏价值，是环境绿化的优良花灌木树种。

278 蒙古荚蒾
Uiburnus mongolicam (pall.) Rchd.

　　形态特征：落叶灌木，树皮褐色，纵裂，老枝灰白。叶卵形、卵状椭圆形，先端圆钝或微尖，边缘具浅锯齿，上面绿色平伏柔毛，背面浅绿色，疏被星状毛。花冠黄白色。核果椭圆形，背面有二浅槽，腹面具三浅槽。

　　分布：华北、东北、辽宁、河北、山西、陕西、甘肃、青海、宁夏等省（区）。

　　利用价值：花繁叶茂，花黄白色，果鲜红后变黑。很有观赏价值，是环境绿化的优良花灌木树种。

279 香荚蒾
Viburnum farreri W. T. Stearn

形态特征：落叶灌木，高3 m。对生叶倒卵椭圆形或倒卵披针形，长3~8 cm，先端突尖，边缘具不规则锯齿，上面绿色被平伏柔毛，背面浅绿，脉腋具簇毛。圆锥花序，顶生花萼管状，萼片5，花粉红色。核果，矩圆形，鲜红色。

分布：河北、河南、陕西、甘肃、宁夏等省（区）。

利用价值：华北地区重要的早春花灌木，丛植于草坪边、林缘下、建筑物前都极适宜；其耐半阴，可栽植于建筑物的东西两侧或北面，丰富耐阴树种的种类。

280 天目琼花（鸡树条荚蒾）
Viburnum sargentii Koehne.

形态特征：落叶灌木，高2～3 m。单叶对生，宽卵形、卵圆形，长5～11 cm，宽4～10 cm，顶端三裂，中裂片较大，叶柄长1～3 cm，腹面具槽，顶端具2盘状腺体。复伞形状聚伞花序顶生，外围具大型白色不孕的边花，中央为能孕的两性花，花萼管状，花白色。果近似球形，红色，种子扁圆形。

分布：我国东北、华北、陕西、甘肃、宁夏、四川、湖北、安徽、浙江等省（区）。

利用价值：叶绿、花白、果红，是春季观花、秋季观叶的优良树种。植于草坪、林缘或建筑物旁，也是城市园林绿化的优良灌木树种。

281 木本绣球（大绣球、荚蒾绣球）
Viburnum macrocephalum Fort

　　形态特征：落叶灌木，高4m。树冠球形，幼枝及叶背密被星状毛，老枝灰黑色。叶卵形或椭圆形，边缘有锯齿。大型聚伞花序呈球形，直径约20cm，花全为白色不孕花组成，花冠辐射状，纯白。花期4—6月。

　　分布：长江流域南北各地均有栽培。

　　利用价值：树姿开展圆整，春日繁花聚簇，团团如球，犹似雪花压树植，枝垂近地，尤饶幽趣。边缘着生洁白不孕花，宛如群蝶起舞，逗人喜爱。宜植于庭园堂前、院路两侧。

紫茉莉科 Nyctaginaceae
叶子花属 *Bougainvillea* Comm. ex Juss

282　三角梅（光叶子花）
Bougainvillea glabra

形态特征：常绿灌木，分枝下垂。叶纸质，卵状披针形或阔卵形，长5～13 cm，顶端急尖或渐尖，基部圆形或阔楔形。花艳丽，顶生，红色或紫色，花期冬春或更长。

生长特性：喜光稍耐阴，喜温暖、湿润气候，耐寒不强，−18℃幼枝受冻害。

分布：原产巴西。广东各地有栽培，中国各地已引种栽培。

利用价值：终年常绿，可作庭院树或盆景。

单子叶植物

禾本科 Gramineae

刚竹属 *Phyllostachys* Sieb. et Zucc.

283 黄槽竹
Phyllostachys anrcosulcata.

形态特征：杆高4~6m，径粗4cm，竿绿色，凹槽处黄色，竿基部分有时数节生长弯曲，有的竹竿下部"之"字形弯曲。

生长特性：适应性强，较耐寒，抗盐碱、抗风沙，适应北方栽培的竹类品种之一。

分布：原产浙江、江苏等地。

利用价值：我国南北方园林绿化中不可多得的竹类珍品。

284 紫竹
Phyllostachys nigra

　　形态特征：散生竹，竿高4~10m，径2~5cm，新竹绿色，当年逐渐呈现黑色斑点，以后逐渐全竿变为紫黑色。

　　生长特性：喜光喜温暖、湿润、较耐寒，在北京地区可露地越冬。

　　分布：原产黄河流域以南地区。

　　利用价值：可作手杖及箫笛、胡琴等乐器。笋可食用。

285 龟甲竹
Phyllostachys heterocycla.

形态特征：竹竿的节片凹凸有致，像龟甲，又似龙鳞，竿直立，高达20m，粗8~12cm，下部竹竿的节间歪斜，节纹交错，斜面突出，交互连接成不规则的龟甲状。

分布：原产长江下游秦岭，淮河以南、南岭的广大地区。

利用价值：我国珍稀观赏竹类，亦为毛竹的变型。

286　罗汉竹
Phyllostachys aurea.

　　形态特征：竿高3~10 m，径2~5 cm，部分竿的下部节间畸形缩短而成不对称肿胀。

　　【生长习性】喜温暖、湿润、较耐旱，耐寒，喜土层厚的山地、平原。

　　分布：原产黄河流域以南地区。

　　利用价值：观赏竹类。可作手杖、钓鱼竿等工艺品。笋可食用。

287 金明竹
Phyllostachys bambusoides var. *castillonis*

形态特征：本种为桂竹的变种，又称黄金间碧玉竹，其节间与分枝一侧沟槽中常呈现黄色，有时在两侧亦有同样绿色条纹2～3条，叶绿色，叶间有不规则线条。

分布：原产于黄河流域至长江以南各地。

利用价值：观赏植物。笋可食用。

288 金镶玉竹
Phyllostachys aureosulcata Spectabilis

形态特征：为黄槽竹的栽培变种，新竿为嫩黄色，后渐为金黄色，各节间有绿色条纹，少数叶有黄白彩条。

分布：浙江、江苏等地。

利用价值：优良的观赏竹，可作庭院绿化。笋可食用。

289 斑竹

Phyllostachys bambusoides f. lacrima-deae

形态特征：为桂竹的变型，竿具紫褐色斑块与斑点，分枝也有紫褐色斑点，为著名观赏竹。

分布：黄河流域至长江以南地区。

利用价值：著名的观赏竹，庭院绿化的竹种。笋可食用。

毛竹属 *Phyllostachys Sieb.et.Zucc.*

290 毛竹
Phyllostachys pubescens Mazel ex H.de Lehaie

形态特征：竿大形，高达20 m，粗达18 cm，全竹约70余节，基部节间甚短，初时被细柔毛和白粉，分枝以下仅箨环微隆起，竿箨厚革质，密被糙毛，箨舌发达，先端拱凸，边缘密生细须毛，箨片三角形至披针形，向外反转，末级小枝具叶4~6枚，叶舌较发达，叶片小。

分布：秦岭至长江流域以南。

利用价值：有重要经济价值和建筑材料竹种。在南方也常作庭院及园林绿化用。

慈竹属 *Neosinocalamus* Keng f

291 慈竹（钓鱼慈，吊竹）
Neosino calamus Affinis

形态特征：竿高5～10 m，径粗3～6 cm，顶端细长，弧形弯曲，下垂。

生长特性：喜光、喜温暖、湿润气候。

分布：原产我国长江中游及西南地区。

利用价值：为平原地区广泛栽培的经济竹类，适合丛植园林造景。

箬竹属 *Indocalamus* Nakai

292 阔叶箬竹
Indocalamus latifolius

　　形态特征：竿高1~2m，末分级小枝具叶1~3枚，叶长椭圆形，长10~30cm，叶绿粗糙。

　　生长特性：喜光、耐半阴，适生于疏林下，喜湿、耐旱，较耐寒，较高盐碱地也能生长。

　　分布：我国长江流域以南广大地区。

　　利用价值：园林中多植于地被物稀疏林下，起到保护和绿化环境作用。叶可包粽子用。

华桔竹属 *Fargesia* Franch

293 华西华桔竹
Fargesia mitida (Mitford) Keng f.

形态特征：竿高达2 m，径8 cm，叶片长4.5～13.5 cm，宽7～13 mm，先端渐尖，叶缘一边有纤毛状细锯，一边为软骨质。

分布：原产我国陕西、甘肃、四川、湖北、江西、云南、宁夏六盘山。

利用价值：编织用，笋可食用。

倭竹属 *Shibataeae* Makino ex Nakai

294 狭叶矮竹
Shibataea lanceifolia C.H.Hu.

　　形态特征：竿高45～100cm，直径2～3mm，近实心，光滑无毛，节间长3～4cm，竹细小，呈钻状，每小枝具叶1枚，稀2枚。叶片长披针形，通常长8～12cm，宽8～16mm，先端尾尖，上面无毛，下面生微毛，两面均可见格状小横脉，边缘具小锯齿。

　　分布：福建、浙江，杭州、安吉有引种。

　　利用价值：编织用，笋可食用。

棕榈科 Palmae

棕榈属 *Trachycarpus* H. Wendl.

295 棕榈
Trachycarpus fortunei (Hook.) H. Wendl.

形态特征：常绿乔木。树干圆柱形，高10 m，径24 cm。叶圆扇形，簇生于顶，近圆形掌状深裂达中下部，叶柄长40~100 cm，两侧细齿明显。雌雄异株，圆锥状肉穗花序，腋生花小而黄色。核果，肾状球形。

分布：原产中国。北起陕西南部，南至广东、广西、云南，西达西藏边界，东至浙江、上海、沿长江两岸。

利用价值：观赏、环保、能抗多种毒气。

散尾葵属 *Chrysalidocarpus Wendl*

296 散尾葵
Chrysalidocarpus lutescens

　　形态特征：常绿丛生灌木至小乔木，高3～8 m，茎基部略膨大。叶羽状全裂，扩展而稍弯，裂片40～60对，2列排列，较坚硬不下垂，披针叶长40～60 cm，顶端长尾状渐尖，并呈不等长的短二裂。雌雄同株，花小而金黄色。耐阴不耐寒。

　　分布：马达加斯加，广东、广西、中国台湾等引种栽培。

　　利用价值：极耐阴，用于庭院栽培，可栽于建筑阴面；喜高温，北方各地温室盆栽观赏；宜布置厅、室、会场。

刺葵属 *Phoenix* Linn.

297 海枣（伊拉克枣、椰枣）
Phoenix dactylifera

形态特征：乔木，高35 m。基具宿存的叶柄基部，上部的叶斜伸，下部叶下垂，叶长达6 m，叶柄长而纤细，扁平，羽状、线状披针形，长达18～40 cm，先端渐尖，灰绿色，2或3聚生，被毛。果长圆形，长3.5～6.5 cm，成熟时橘黄色。

分布：亚洲及非洲南部，伊拉克最多。

利用价值：果香甜可口，基部做建筑用材，叶可造纸。树形美丽，常作观赏植物栽培。

参考文献

［1］陈植.观赏树木学 [M].北京：中国林业出版社，1984.

［2］马德滋、刘惠兰.宁夏植物志 [M].银川：宁夏人民出版社，1986.

［3］中国中国科学院植物研究所.中国高等植物图鉴 [M].北京：科学出版社，1972.

［4］李辉阶.青海木本植物志 [M].西宁：青海人民出版社，1987.

［5］牛春山.陕西树木志 [M].北京：中国林业出版社，1990.

［6］浙江植物志编委员会.浙江植物志 [M].杭州：浙江科学技术出版社出版，1993.

［7］安宁国.甘肃省小陇山高等植物志 [M].兰州：甘肃民族出版社出版，2002.

［8］刘立品.子午岭木本植物志 [M].兰州：兰州大学出版社，1998.

［9］陈有民.园林树木学 [M].北京：中国林业出版社，1990.

［10］杨昌友.新疆树木志 [M].北京：中国林业出版社，2012.

［11］广西壮族自治区林业科学院.广西树木志 [M].北京：中国林业出版社，2012.

［12］胡绍庆.灌木与观赏竹 [M].北京：中国林业出版社，2011.

［13］朱宗元、梁存柱、李志刚.贺兰山植物志 [M].银川：阳光出版社，2011.

［14］马毓泉.内蒙古植物志 [M].呼和浩特：内蒙古人民出版社，1991.

［15］徐永椿.云南树木园志 [M].昆明：云南科技出版社，1991.

［16］狄维崇.贺兰山维管植物 [M].西安：西北大学出版社，1987.

［17］刘惠兰 . 宁夏野生经济植物 [M] . 银川 : 宁夏人民出版社，1991.

［18］田连恕 . 贺兰山东坡植被 [M] . 呼和浩特 : 内蒙古大学出版社发行，1996.

［19］任步钧 . 北方园林观赏植物图谱 [M] . 哈尔滨 : 黑龙江科学技术出版社，1999.

［20］国际园艺学会 . 国际栽培植物命名法规 [M] . 北京 : 中国林业出版社，2006.

［21］陕西省陇县林业局 . 关山树木志 [M] . 西安 : 陕西科学技术出版社，1989.